< 꽃게무침 >

재료 : 꽃게 중간크기 10마리 소주 3T 붉은고추 5개 푸른고추 5개
　　　쪽파 고춧가루 1/2 T 고운고춧가루 1/2 T 매간장 5T 소금 1ts
　　　생강물 2T 마늘 2T 통깨 볶아 설탕

만드는 방법 :

1. 큰 다리는 떼고 몸통은 4 조각 낸다
　　　(큰 다리는 냉동했다가 된장찌개에 넣는다)

2. 소주를 뿌린다. 양념버무가 준비될 때까지 둔다.

3. 쪽파는 3 cm 길이로, 붉은고추와 푸른고추는 어슷썰기 한다.

4. 2 에서 생긴 국물을 적당한 크기의 볼에 따뤄 내고 여기에 3과
　　고춧 양념재료 넣는다.

5. 게 조각 하나 하나에 바르듯이 4 를 골고루 양념한다.

* 꽃게무침은 일종의 꽃게처다. 만들어 바로 먹을 수 있다.　→ 배어줄 때
　만든 지 몇 시간 후부턴 양념이 적당히 배였을 때 2.3 일까지가
　제일 맛이 있다. 될 수 있는대로 짧은 시간내에 다 먹는 게 좋다.

< 배추국 >

재료 : 배추 멸치육수 양지머리육수 (또는 사태육수) 찌개용 고추장 된장
　　　마늘 대파

만드는 방법 :

1. 배추는 먹기 좋은 크기로 찢어 놓는다.

2. 멸치육수와 양지머리 육수 반씩 섞은 국물에 찌개용 고추장 (없으면 고추갈
　　과 된장을 푼다

3. 2가 끓으면 1을 넣고 다시 끓으면 마늘과 대파를 넣고 마무리 한다.

X < 표고박이 숙주볶음 > ^{참고.} 어린이와 어른용

재료 : 숙주 2/2 줌 (200g) 표고박이 150g 마늘 5쪽
착케와 새우(小) 20개 식용유 1 굴소스 2
밑간 = 마늘(다진) 1/2 진간장 1/2 참기름 1 올리당 1/2

만드는 방법 :
1. 깨끗이 씻은 숙주는 체에 밭쳐 물기를 뺀다.
   표고박이는 보기좋게 썰고 냉동된 착케와 새우는 해동한다.
   마늘은 편으로 썬다.
2. 표고박이는 밑간하여 20~30분 재둔다.
3. 달군 오목한 팬에 식용유를 두른다. 마늘을 넣고 약불에서
   40~50 초가는 타지않게 볶는다. 새우는 넣어 1분 더 볶는다.
4. 표고박이와 굴소스를 넣고 센불에서 1분30초~2분간 볶는다.
5. 숙주를 넣고 살짝 볶는다.

X < 동그랑땡 Ⅱ > 어린이용 __ 양념

재료 : 돼지고기 (ground) 300g (다진양파 다진쪽파 다진당근
   다진마늘 들기름 2T 부침가루 1OT) 후춧가루 소금.
   계란물 라이 부침가루 식용유

만드는 방법 :
1. 다진 같은 돼지고기에 양념재료를 넣고 잘 치댄 후 후춧가루 소금
   으로 간을 맞춘다.
   * 들기름은 돼지고기 누린내를 잡아주고 고소한 맛을 더해 준다.
2. 1을 동글납작하게 빚어서 부침가루와 약에 묻힌 후
   달걀물에 담가서 (달군 기른 팬에 기름 두르고) 약불에서
   노릇하게 지져낸다.

X < 감자크로케 > 어린이용

1. 소금물에 삶은 감자를 으깬다.
2. 1에 다진 당근 쪽파 다진 마늘/파를 넣고 섞는다.
3. 동글납작하게 빚어 빵가루를 묻혀 기름에서 튀기듯
   지져낸다.

밥상의 품격

김외건의 평생 레시피 256

나남
nanam

김외련(金外蓮)

1945년 마산 태생. 이화여대 약대를 다녔다.
서울 신대방동에서 약국을 처음 열었고,
나중에 열었던 방이동 약국은 유방암 탓에 접었다.
동병상련의 국립암센터 사회봉사를 하는 동안
약식동원을 통감했고 요리교실도 열었다.
2녀 1남 소생을 위해 열심히 싸댔던 도시락.
외갓집에서 났다고 외조부가 지어준 이 세상 단 하나
여자 이름이 반생의 자부심이다.

밥상의 품격

김의견의 평생 레시피 256

나남
nanam

김외련 레시피, 증보판? 아니 신판

이 책은 "김외련 평생 레시피 144"(엔지엠, 2020) 증보판이다. 해도 예사 증보가 아니어서 감히 신판이라 우기고 싶다. 이 책에서 보면 구판인 초판은 2020년 10월에 나왔다. 그때 육필로 써왔던, 레시피와 음식그림이 담긴 내 큰 노트를 모태로 태어난 아담한 요리책을 만났던 순간이라니…

"책은 제 책이 예쁘다"는 금언도 잠깐, 희비쌍곡이고 자부심과 부끄럼의 교차로 이내 책 미비점들이 한눈에 바로 보였다. 움칠했다. 무식하면 겁이 없다더니 너무 쉽게 달라 들었다는 느낌이었다.

자신을 위한 요리책으로 삼겠다고 당초에 높이 세웠던 내 뜻에 한참 못 미치는 구성은 어떻게 한단 말인가. 금방 증보판을 떠올렸고 의욕이 새삼 치솟았다.

돌이켜 보면 책 저술은 내 음식을 좋아하는 며느리의 요청이 시발이었다. 내 고유 솜씨를 전수받고 싶다는 뜻을 고맙게 생각했고, 두 딸을 위해서도 뜻있는 일이라 여겼다.

그 사이 옛 벗들과 요리 나눔의 자리(A반 요리교실)를 함께 즐겨왔던 터에 그때마다 정리한 노트를 토대로 책을 꾸민 것이 구판이었다. 고맙게도 『한겨레』의 책 소개를 보곤 내게서 대구(大口)요리를 배우고 싶다는 여성이 나타났다. 이를 계기로 다른 인연의 현직 여성이 직장에서 맡고 있는 중책에도 불구하고 달리 바쁜 선배까지 끌어넣으면서 B반·C반 요리교실이 꾸며졌다. 2021년 1월이었는데, 교실이 탄력이 붙어 2024년 1월 현재 G반까지 발전했다.

한편 요리교실 수강생 가운데 뜻을 맞춘 두 여류와 함께 셋이서 연구반도 진행했다. 계절별로 내가 먼저 시도·선정한 메뉴를 연구반이 다시 실습하는 식이었다. 그리고 평가를 거쳐 선택한 메뉴는 정규 요리교실에 적용했다. 그렇게 새 메뉴가 정리됐고 그 대부분을 구판 책의 증보용 메뉴로 이 신판에 올렸다. 말하자면 증보 신판은 구판에 실었던 내 기존의 메뉴에 많은 부분이 새롭게 추가로 개발·정리한 것이다.

그 과정에서 내공(內功)이 많이 들었지만 관련 기존 연구도 도움이 많았다. 『K FOOD: 한식의 비밀』 5권을 통해 한식의 분류와 맥락을, 홍정현의 『온지음이 차리는 맛』으로 전통 한식의 멋과 격조를, 노영희의 『품 POOM』에서 전통 한식의 현대화가 지닌 의미를 깨달았다. 일본계 미국인(Sonoko Sakai)의 『Japanese Home Cooking』을 통해 현대 일본음식에서 우리 식생활 활용에 유의미한 아이디어를 얻었고, 『히데코의 일본요리교실』은 내 생선요리의 지평을 넓혀주었다.

구판에서 신판으로 줄곧 이어진 레시피는 기초요리가 주제(主題)다. 임금부터 백성까지 배불리던 한식은 일즙삼채(一汁三菜) 곧 국(汁) 한 그릇에 반찬(菜) 셋 구성의 상차림을 염두에 두었다.

그 사이로 한식이 여러 가지로 자랑스러운 점이 많은 만큼이나 품을 많이 들여야 함을 새롭게 절감했다. 어느 음식이든 그런 번거로움을 능가하는 그만한 멋과 맛, 영양을 갖추고 있느냐가 새로운 메뉴 채택의 기준이었다. '① 제철 싱싱한 식재, ② 최소한의 양념, ③ 최고 간단의 조리법'을 지향하는 내 입장으로 재해석하려고 노력했다. 손님 밥상 등 그 활용성도 염두에 두었다.

한편 해물 요리를 되도록 많이 보충하려했다. 이 나라 일인당 해산물 소비가 세계 1위 인데도 어느 요리책이고 관련 레시피가 너무 빈약함을 통감했기 때문이었다.

부제(副題)는 제철 음식이다. 제철 식재(食材)가 좀 다양한가. 내 선호이자 장기인 생선 만으로 제철 음식을 꾸리기엔 기존의 내 고유 레시피만은 턱없이 부족했다. 유튜브 힘을 많이 빌렸다. 최상옥, 이경래, 여경옥, 이순자 여러 요리 고수의 저술도 적극 참고했다.

구판은 물론이고 증보 신판의 집필에 지인들의 따뜻한 도움을 받았다. 그 출발이던 컴퓨터 작업은 한명주 박사(경기발전연구원)가 도왔고, 요리교실 연구반 박상희·유주희 여류는 드러내지 않고 내 오른팔 역할을 했다. '김 교수 없는 요리교실은 없다'는 말은 무엇보다 식재 조달 과정을 말함이었다. 자·타칭 '요리교실 시다'였던 남편이 책 출간도 앞장섰다. 지우 조상호 '나남'에게 이색요리서라고 졸랐다는 것. 내 상차림을 좋아해준 인연으로 초판을 위해 적어준 지인들의 덕담은 새 책에도 유효하다고 믿고 그대로 실었다.

화려한 장정으로 번드르르 빛나는 요리책이 범람하는 시대, 이 신작이 소박하나 때깔 있는 "음식에세이 집" 또는 인문요리서 모양새로 만들어진 것은, 내 수제(手製) 음식그림을 적절히 펴는 등, 집필 취지를 잘 살려준 데는 "편집의 달인" 김형윤 선생이 있었다. 그 파트너 정희진 디자이너의 노고도 참 지대했다.

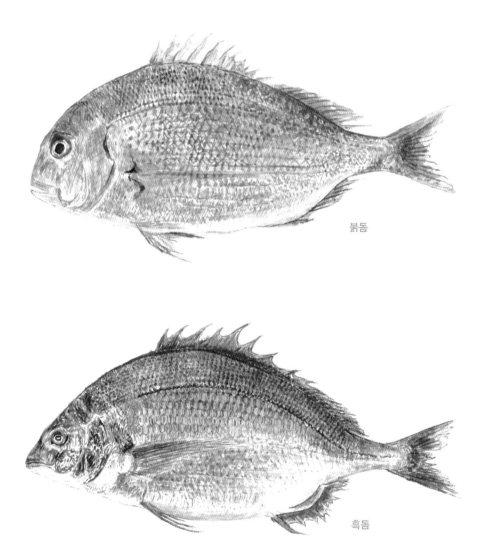

붉돔

흑돔

차
례

사철음식

봄음식

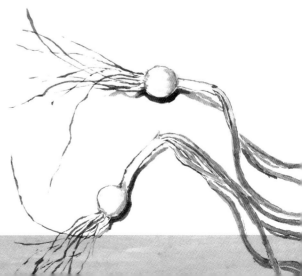

여름음식

가을음식

겨울음식

사철음식

요리 레시피

　'제철 음식은 보약'이라는 말을 흔히 듣는다. 그만큼 제철 음식이 몸에 좋다는 뜻
이겠는데 '맛도 좋다'는 점도 틀림없다. 그렇게 계절에 따라서 명확하게 좋은 음식이 있
는가 하면 사철 내내 좋은 음식도 있다. 비닐하우스 재배가 없던 시절에는 엄연히 '봄
미나리에 가을 상추'라는 말대로 미나리는 봄에, 상추는 가을에 제일 맛이 좋았다. 생
선 가운데는 '봄 도다리 가을 전어'라는 말도 있다.
　많은 종류의 채소가 사철 내내 재배되고, 양식 생선이 철도 없이 시중에서 판매되
고 있는 사실에도 불구하고 제철이라야 가장 맛있는 음식은 여전히 많다. 이를테면 단
연코 도다리쑥국은 봄에, 민어요리는 여름에, 전어요리는 가을에, 대구요리와 굴요리
는 겨울에 제일 맛있다. 채소가 주요 식재인 음식도 마찬가지다. 봄철 새조개 샤부샤
부에 들어가는 미나리, 경상도식 여름철 장엇국에 필수적인 방아잎, 가을의 송이버섯
요리, 겨울 동치미 무가 그렇다.

육류가 들어가는 요리 그리고 한국 사람이 즐겨 먹는 중국요리, 서양요리는 대개 사철 음식이다. 사골우거짓국, 육개장, 순두부찌개, 낙지볶음, 사태찜과 갈비찜, 북어요리, 생선매운탕, 닭요리, 고추잡채, 스테이크, 각종 샐러드, 러시안수프, 카레라이스 등 부지기수다.

내 경우는 제철 음식을 우선으로 선택한다. 그 사이사이에 사계절 음식을 적당히 배치한다. 밑반찬도 마찬가지다. 두릅장아찌는 봄에, 전어밤젓은 가을에, 대구알젓이나 대구 아가미젓(장자젓), 굴젓은 겨울에 만들어서 갈무리한다.

내 레시피는 사계절 해당분에 이어 봄·여름·가을·겨울 각 계절별로 나누어 소개한다. 음식 재료 가운데 괄호 안에 들어있는 내용은 선택 대상이다. 간간이 내가 그린 음식 수채화도 싣는다. 계량 표기가 없는 레시피는 굳이 계량하지 않아도 되거나 계량 불가능, 아니면 재량껏 해도 되는 경우다.

사골우거짓국

재료

우거지, 사골육수, 양지머리 육수, 된장, 소금, 대파, 다진 마늘

양념장 국간장, 고춧가루 소량, 다진 마늘 소량, 참기름 소량, 후춧가루 소량

만들기

1 양지머리를 끓는 물에 넣어 다시 끓으면 약불로 낮추고 1시간 끓인다. 살코기는 건져내 결대로
   찢어서 양념장으로 삼삼하게 무쳐둔다. 육수는 남겨둔다.

2 **사골육수 만들기:** 토막낸 사골을 반나절 정도 물에 담궈 핏물을 충분히 뺀다. 끓는 물에
   사골을 넣고 5분 정도 끓인 뒤 건져내 씻는다. 솥에 사골 부피의 4~5배 되는 물을 잡고 사골을
   넣어 중강불에서 2시간 30분 정도 와글와글 끓인다. 뼛속 맛을 끌어내기 위해서다. 끓여서
   나온 육수는 큰 용기에 따라붓고, 같은 방식으로 두 번 더 곤다. 세 번 곤 육수를 모두 합하고
   식혀 윗층에 응고된 기름을 걷어낸다.

3 우유처럼 뽀얗게 곤 사골 육수와 양지머리 삶은 육수를 반반씩 섞어 다시 끓인다. (식성에 따라
   사골육수를 더 많이 넣어도 좋다.)

4 삶아서 껍질을 벗긴 우거지는 물에 푹 담갔다가 짠 다음 썰어서 된장을 넣고 조물조물 무친
   다음 ③의 준비한 육수에 넣고 20분 정도 끓인다. (끓고 있는 국물이 삼삼해야 한다.)

5 ④에 넉넉하게 어섯 썬 대파를 넣고 끓인다.

6 우거지와 대파가 잘 무를 때까지 15~20분 끓인 다음 마늘과 양념해 둔 살코기를 넣고 한 소끔
   더 끓인다. 싱거우면 소금으로 간을 맞춘다.

배추우거지.
김장 뒤 비닐줄로
엮어 베란다 난간에
걸쳐서 말리고 있다.

≪ 우거지 삶기와 보관 ≫

　　우거지 삶을 때 좀 고약한 냄새가 나서 한꺼번에 많이 삶는다. 바싹 말라 부스러지기 쉬운 우거지는 우선 물을 끼얹어 적신 뒤 뜨거운 물에 담가 물이 식을 때까지 충분히 불린다. 큰 솥에 넣고 물을 넉넉하게 잡아 끓기 시작하면 중불에서 1시간~1시간 30분 정도 끓인다. 불을 끄고 식을 때까지 그대로 둔다. 껍질이 잘 벗겨지고 식감이 좋은지 점검한다. (필요하면 다시 조금 더 삶는다). 물로 몇 번 헹구고 물에 푹 담가 씁쓸름한 맛을 우려낸 다음 껍질을 벗긴다. 껍질을 벗긴 우거지는 한 묶음씩 나누어 물기가 있게 대충만 짜고 비닐봉지에 담아 냉동실에 보관해도 맛과 식감에 변함이 없다.

　　우거지 요리 가운데 가장 손쉬운 것은 된장찌개다. 다만 내가 가장 유용하게 만드는 메뉴는 '사골우거짓국'과 '선지우거지해장국'이다. 한 솥 끓여서 냉동 보관해 두고 한여름만 빼고는 필요할 때 어느 철에나 요긴하게 쓴다.

+ 건조기에서 말린 상품은 설탕을 넣고 삶아야 잘 무른다고 한다.

+ 시래기도 같은 방법으로 삶고 보관한다. 단 삶는 시간은 다르다.

선지우거짓국

재료

소고기(양지) 600g, 우거지 600g, 콩나물(찜용) 500g, 대파 2대, 선지 600g, 다진 마늘 1과1/2T, 된장 4T, 소금 1T, 고춧가루 1T, 고추기름 3~4T, 후춧가루

만들기

1 양지는 9L 끓는 물에 넣고 끓기 시작하면 중약불에서 1시간 정도 끓인다. 살은 건져 식힌 뒤 먹기 좋게 찢어 놓는다. 육수는 식혀서 기름을 걷어낸다.

2 우거지는 마늘, 된장, 소금, 고춧가루, 후춧가루를 넣고 무친다.

3 선지는 찜통에 15분 정도 쪄서 응고시켜 적당한 크기로 썬다.

4 콩나물은 몸통 부분만 데쳐 놓는다.

5 ①의 국물에 ②를 넣고 30~40분 끓인다.

6 선지, 콩나물, 어슷썰기 한 대파를 넣고 끓이면서 고추기름을 넣고 한소끔 더 끓인다.

---

* 된장 냄새가 된장국만큼은 안 날 정도의 된장 양만 쓴다. 나머지 간은 소금으로 해야 시원한 맛을 낸다. 우거지에 덜 마른 배추 우거지나 무시래기를 섞어도 좋다.

* 갈비육수를 섞어도 좋다.

* 고추기름: p.318 참조

김치찌개

재료

묵은김치(일반 김치) 작은 것 1포기, 돼지고기(삼겹살, 목살, 앞다리살) 300g, 식용유 1T,
참기름 1T, 고춧가루 1T.

만들기

1 달구어진 냄비에 참기름을 두르고 돼지고기를 넣어 충분히 볶는다.
2 속을 털어내고 적당한 크기로 썬 김치, 식용유와 고춧가루를 넣고 김치가 착 까불어질 때까지
   볶는다. (김치 식감을 좋게 하고 고추기름을 내는 과정이다.)
3 물을 붓고 15분 정도 충분히 끓인다. 두부나 떡국 떡을 넣으려면 국물을 넉넉하게 잡아야 한다.
   김칫국물도 너무 시지 않으면 넣는다.
4 싱거우면 소금이나 까나리액젓으로 간을 맞춘다.
5 기호에 따라 미리 불려 놓은 떡국 떡이나 적당한 크기로 썬 두부를 넣고 한소끔 더 끓인다.

돼지갈비강정

재료

돼지갈비 600g

재움양념 간장2t, 후춧가루 약간, 다진 마늘·다진 생강 1/2t씩

조림장 간장 2T, 설탕 1T, 청주 2T, 고추장 1T, (마른 고추를 쓰면 더 좋다. 이때는 간장 3T)

참기름 1T, 마늘·생강 저며서 3쪽씩

만들기

1 토막낸 돼지갈비는 1cm 깊이로 칼집을 낸 다음 재움양념으로 재어 놓는다. (30분)

2 190도 기름에 튀긴다. (속까지 완전히 익힐 필요는 없다.)

3 냄비에 앉히고 조림장을 넣고 잘 섞는다. 물 1/3C을 두른 뒤 뚜껑을 덮고 고기가 완전히 익을 때까지 중불에서 10~15분 정도 끓인다. (이때 마른 고추를 잘게 잘라 넣는다.)

4 뚜껑을 열고 뒤적이면서 마저 조린다.

5 접시에 담고 잣가루를 뿌리면 좋고 통깨를 뿌려도 좋다.

《 돼지갈비 》

자유무역협정(FTA) 시대를 맞아 여러 나라 농수산물이 계속 들어오고 있다. 덩달아 이탈리아 식당, 스테이크 하우스 같은 외래음식 식당도 늘어났다. 인스턴트 식품 또한 다양해졌다. 따라서 집밥의 식단에도 변화가 생겼다. 좋은 예가 '갈비찜'이다. 명절이나 손님 초대에 가장 선호받던 국민 메뉴의 하나. 지금도 식구들이 좋아한다며 고수하는 집들도 있지만 내 경우는 오래전에 포기하다시피 했다. 우선 조리하는 시간이 너무 길고, 혈중 콜레스테롤 수치를 올리는 음식 군(群)에 속해서 대신, 불포화 지방산을 많이 함유한 돼지갈비 요리를 즐긴다. 조리하는 시간도 길지 않고, 값도 훨씬 저렴하다.

무장국

재료
사태300g, 무(중치)1/3개, 국간장 1.5~2T, 다시마 손바닥 크기 2장
양념장 다진 파 2T, 다진 마늘 2/3T, 후춧가루, 국간장 1/2T, 참기름 1/2t

만들기
1 국솥에 물 12C을 넣고 끓을 때 사태와 무(네 쪽으로 자른다.), 다시마를 넣고 끓으면 다시마는
   건져내고 중약불에서 30분 끓이고 무를 건져 낸다. 소고기는 30분 더 끓인 뒤 건져 낸다.
2 무는 사방 2cm 두께 2mm로 썰어 놓는다.
3 소고기도 무 비슷한 크기로 썬다. 양념장으로 무친다.
4 국 국물에 ②와 ③, 국간장 1.5~2T를 넣고 한 소끔 끓인다.

※ 국간장은 집집마다 간이 조금씩 틀리기 때문에 그 양을 조절한다.
   장국이기 때문에 싱거울 때는 국간장을 더 넣는다. 다시마에 소금기가 있으므로 국물 양에
   비해 국간장은 생각보다 적게 필요하다.
※ 넉넉하게 끓인 국은 비닐팩에 한 끼 분량씩 담아 냉동실에 보관했다가 요긴하게 쓸 수 있다.

돼지갈비김치찌개

재료

돼지갈비, 김치, 통마늘, 다진 마늘, 대파, 양파, 소주, 국간장, 후춧가루, 맛술, (고춧가루)

만들기

1 돼지갈비는 찬물에 담가 핏물을 뺀다. (30분~1시간)

2 냄비에 고기가 충분히 잠길 만큼 물을 잡고 통마늘, 양파, 대파, 소주 적당량을 넣고 끓으면 고기를 넣어 핏물이 안 보일 때까지 끓인다. 건져내 흐르는 찬물로 씻는다.

3 김치국물 반C, 국간장 1T, 다진 마늘 1T, 맛술 1T, 후춧가루 적당량 비율의 양념을 ②에 넣고 버무려 재운다.

4 냄비에 물을 충분히 잡고 ③을 넣어 강불에서 10분 끓인 뒤 적당히 썬 김치를 넣고 중불에서 20분 정도 충분히 익힌다. (이때 김치국물과 고춧가루를 더 넣을 수 있다.)

5 ④에서 국물이 줄어든 만큼 물을 보충하고 굵게 채 썬 양파와 어슷썰기 한 대파를 넣고 한소끔 더 끓인다. (싱거운 간은 소금으로 맞춘다.)

＊ 물은 쌀뜨물을 쓰면 더 좋다.

차돌박이된장찌개

재료

차돌박이 50g, 물 2C, 된장 1.5큰술, 애호박 50g, 표고버섯 1개, 양파 40g, 두부 50g,

풋고추(청량고추) 1/2개, 대파 5cm 한 대, 다진 마늘 1/2T, 소금 약간

만들기

1 두부는 사방 2cm로 잘라 소금을 약간 뿌려 놓는다. (국물을 묽게 만드는 수분을 제거한다.)

2 차돌박이는 적당한 크기로, 애호박은 사방 2cm, 표고버섯 갓과 양파도 애호박 비슷한 크기로
   썰고, 표고버섯 기둥은 잘게 찢는다.

3 뚝배기나 냄비에 차돌박이를 먼저 넣고 볶다가 물을 부어 2~3분 끓인다. (차돌박이에서 기름이
   나오므로 기름은 두르지 않는다.) 끓이면서 생기는 거품은 걷어낸다.

4 단단한 재료인 애호박, 표고버섯을 먼저 넣고 한소끔 끓인 뒤 양파, 마늘을 넣고 재료가 익을
   때까지 끓인다.

5 된장을 체에 놓고 풀거나 미리 끓는 물에 따로 개어서 풀어 넣는다.

6 소금을 뿌려 물기를 뺀 두부, 송송 썬 고추와 파를 넣고 끓으면 불을 끈다.

※ 된장찌개에서 간혹 텁텁한 맛이 나면 고춧가루를 조금 넣는다.

홍고추. 파란 고추는 파란 대로, 붉은
고추는 붉은 대로 쓸모와 용도가
따로 있다. 홍고추에 넉넉하게
들어 있는 캡사이신이 체내 지방을
분해시켜 다이어트 효과가 있으며,
몸 안의 통증을 줄이고 염증을
치료하는 데도 도움을 준다고 한다.

순두부찌개

재료

순두부 1봉지, 돼지고기 50~100g, 바지락 적당량, 양파 1/3개, 대파 1대, 다진 마늘 2/3T,
국간장 1t, 고춧가루 1과 1/2T, 식용유 1/2T, 참기름 1T, 멸치, 다시마, 소금, 새우젓, 달걀

만들기

1 멸치 1/2움큼과 손바닥 반 크기 다시마를 물 300ml에 넣고 10분 정도 끓여 육수를 만든다.
   쓰고 남는 육수는 다른 용도로 쓴다.

2 돼지고기는 잘게 썬다. 양파는 잘고 납작하게 썬다. 대파는 흰 부분 쪽 1/3은 납작하게 썰고
   나머지는 어슷하게 썬다.

3 뚝배기나 냄비를 달군 뒤 참기름 1T와 식용유 1/2T를 두르고 납작하게 썬 대파를 넣어 볶다가
   돼지고기, 양파, 다진 마늘, 국간장, 고춧가루를 넣고 꾸덕꾸덕할 때까지 잘 볶는다.

4 ③에 순두부를 넣고 숟가락으로 적당히 자른다. 육수를 부은 뒤 바지락을 넣고 소금으로
   삼삼하게 간을 해 한소끔 끓인다.

5 어슷하게 썰어 놓은 대파를 넣고, 새우젓으로 간을 마무리한 다음 달걀을 깨 넣고 약간 익으면
   마무리한다.

---

* 바지락 대신 모시조개를 써도 된다. 생새우를 곁들여도 좋다.

* 호박이나 새송이버섯을 같이 넣고 끓여도 된다.

* 멸치육수 대신 사골 육수를 쓰면 더 좋다. 둘 다 없으면 물을 써도 된다.

청국장찌개

재료

청국장 70g, 소고기 50g, 묵은지 50g, 대파, 두부, 멸치육수, 멸치액젓(까나리액젓)

만들기

1 달군 뚝배기에 잘게 썬 소고기를 넣고 볶는다.

2 김치는 대강 털고 종종 썰어 ①에 넣고 볶는다.

3 고기가 어느 정도 익으면 멸치육수를 넣어 국물을 잡는다.

4 청국장과 두부를 넣고 끓인다.

5 송송 썬 대파를 넣고 간은 액젓으로 마무리한다.

＊ 식성에 따라 두부를 넣고 청국장 맛이 두부에 충분히 배고 두부가 더 부드럽게 될 때까지
    푹 끓여도 좋다.

＊ 액젓 대신 된장으로 간을 맞추어도 좋다.

낙지볶음

재료

낙지 700g, 양파 2/3개, 당근 1/2개, 식용유 또는 고추기름 3T, 대파 1대, 통깨, (청·홍피망)
양념장 고추장 3~4T, 고춧가루 1.5T, 설탕 1T, 물엿 2T, 간장 2T, 맛술 3T,
다진 마늘 1T, 참기름 2T

만들기

1 낙지는 대가리를 뒤집어 내장을 빼내고 눈도 먹물이 있으므로 없앤다. 밀가루를 넣어 박박
   주무르고 물로 깨끗이 씻는다. 끓는 물에 넣고 살짝만 데친 뒤 먹기 좋게 자른다.

2 양파는 도톰하게 썬다. 당근은 사각 썰기(직사각형 두께 3mm)

3 녹색과 적색 피망은 삼각 썰기 해서 고명으로 쓴다.

4 팬에 식용유(고추기름)를 달구고 당근과 양파에 양념을 섞어 양파가 숨이 죽을 때까지 볶은 뒤
   낙지를 넣고 살짝만 볶는다.

5 불을 약불에 놓고 피망을 섞어 조금 더 볶는다.

---

* 고추기름을 썼을 때 훨씬 풍미가 있다.

* 고추기름은 한 번 만들어 오래 저장해 두고 사용할 수 있다. (p.318 참조)

낙지. 오래 조리하면
질겨진다. 데칠 때는
끓는 물에 넣자마자
소쿠리에 쏟아붓는다.
마지막 볶을 때도
낙지를 넣고 살짝만
볶으면서 간을 본다.

등갈비묵은지김치찜

재료

묵은지, 등갈비, 양파, 생강청(생강즙), 다진 마늘, 대파, 들기름, 고춧가루, 김치국물, 쌀뜨물

만들기

1 등갈비는 뼛가루를 씻어내고 결대로 토막 내 물에 30분쯤 담가 핏물을 뺀 뒤 된장 1/2T를 푼 끓는 물에 3분 데치고 다시 씻는다.

2 양파는 굵직하게 채 썰고 대파는 어슷썰기 한다.

3 냄비에 양파를 깔고, 등갈비를 넣고, 생강청과 다진 마늘, 대파를 넣은 뒤 김치를 얹고 들기름을 넉넉하게 뿌린다. 쌀뜨물을 붓고 중불에서 10분 끓인다.

4 고춧가루와 김칫국물을 추가하고 약불로 줄여 뭉근하게 30~40분 이상 끓인다.

《 등갈비묵은지김치찜 》

묵은지에 기본 몇 가지 양념과 등갈비를 넣고 뭉근하게 푹 끓이는 묵은지등갈비찜은 여느 김치찌개와는 다른 별미다. 김치맛이 밴 등갈비와 부드럽고 적당히 기름이 밴 김치맛의 조화는 식욕을 돋운다. 겨울과 이른봄 동안 제격인 김치 요리다.

묵은지 국물이 텁텁하다 싶으면 국물은 짤아내고 그해 담은 김장김치 국물을 써도 된다. 상차림 할 때는 먹기 좋게 등갈비와 적당히 찢은 김치를 뚝배기나 그릇에 가지런하게 담아낸다.

동파육

재료

돼지고기 통삼겹살(오겹살) 600g, 양파 1/2개, 생강 한쪽, 통마늘 5개, 대파 2대, 통후추 약간, 소주 또는 청주 2C, 간장, 설탕, 굴소스, 노두유, 팔각, 청경채

만들기

1 **삶기**: 3등분한 돼지고기에 양파, 생강(저민다), 통마늘(칼등으로 쪼갠다), 대파(반으로 자른 뒤 굵게 썬다), 통후추 약간, 소주 또는 청주 2C, 물(재료가 잠길 만큼)을 붓고 뚜껑을 연 채 강불에서 거품을 걷어내면서 10분 끓인다. 고기는 건져내 종이 타월로 물기를 제거한다. 나머지 건더기는 버리고 육수만 남긴다.

2 **지지기(그슬리다, 태우다)**: 간장 2와 설탕 1의 비율로 잘 섞은 액에 ①의 고기를 넣어 15분 정도 양념이 스며들게 한 다음, 건져서 종이 타월로 물기를 제거한 뒤 팬에 올리고 중불에서 태우다시피 꾹꾹 눌러가며 6면을 다 지진다.

3 **조리기**: ①의 육수에 간장 5T, 굴소스 2T, 노두유 3T, 팔각 5개, 대파 한 대(크게 썰어)와 ②의 고기를 넣고 끓으면 약불에서 2시간 30분~3시간 정도 조린다.

4 청경채는 끓는 물에 20초 데친다.

5 한입 크기로 썬 동파육을 접시에 가지런히 담고 가장자리에 청경채를 색스럽게 곁들인다.

돼지고기김치두루치기

재료

돼지고기(삼겹살, 목살) 300g, 김치, 양파, 대파, 식용유, 참기름, 통깨

양념장 고추장 2T, 고춧가루 1T, 맛술 2T, 물엿 1T, 참기름 1t, 후춧가루, 생강즙 1t 비율

만들기

1 김치는 속을 털어내고 국물을 짠 뒤 먹기 좋은 크기로 썬다. 양파는 약간 굵게 채 썰고 대파는
   어슷썰기 한다.

2 달군 팬에 기름을 조금만 두르고 강불에서 돼지고기를 넣고 후춧가루를 약간 뿌려 3~4분 정도
   볶는다. 중불로 낮춘 뒤 2분 더 볶는다.

3 양파를 넣고 2분 볶는다.

4 김치를 넣고 강불에서 2분 볶는다.

5 대파와 양념장을 넣고 볶다가 참기름과 후춧가루를 뿌린다.

＊ 양념장을 넣고 볶을 때 식성에 따라 양념장 양을 조절한다.

돼지목살과 더덕고추장구이

재료
돼지고기 목살(삼겹살) 300g, 더덕 6개, 식용유 약간
돼지고기 숙성 양념 다진 생강 1T, 후춧가루 약간
양념장 고추장 2T, 고춧가루 1T, 간장 1T, 다진 마늘 1T, 설탕 2t, 참기름 1T

만들기

1 돼지고기 목살은 먹기 좋은 크기로 잘라 숙성 양념을 넣고 주물러 10분간 재운다.

2 더덕은 껍질을 벗겨 적당한 크기로 썬 다음 (비닐봉지에 넣고) 방망이로 자근자근 두드려 얇게
   편 뒤 먹기 좋은 크기로 찢는다.

3 위 분량의 재료를 섞은 양념장에 돼지고기 목살과 더덕을 넣고 주물러 30분간 숙성시킨다.

4 팬에 식용유를 두르고 중불에서 돼지고기 목살을 굽는다. 고기가 어느 정도 익으면 더덕을
   넣고 살짝 볶아 마무리한다. 접시에 담고 통깨를 뿌린다.

---

* 돼지고기는 생강으로 밑간을 해두면 잡내가 없어진다.

돼지고기샤부샤부

재료(2인 기준)

샤부샤부용 삼겹살 250g, 부추 2줌, 숙주 1/2봉지, 표고버섯 4개, (팽이버섯), 대파 1/2대, 쪽파 반 줌
국물 물 2C, 청주 2C, 간장 3T, 설탕 1T, 소금
소스 다진 마늘 1t, 고추장 1T, 국간장 1t, 맛술 1T, 매실청 2t, 참기름 1t,

만들기

1 부추는 10cm 길이로 자른다. 숙주는 씻어서 물기를 뺀다. 대파는 어슷썰기 한다. 생표고버섯은
   그대로, 말린 표고는 불렸다가 적당한 크기로 썬다.
2 소스 재료를 섞어 종지에 담아둔다. 쪽파는 잘게 썰어 종지에 담아둔다.
3 전골냄비에 국물 재료를 넣고 뚜껑을 연 채 중불로 5분 끓인 뒤 간을 맞춘다. 대파, 버섯,
   숙주나물, 부추, 삼겹살 순으로 넣고 살짝 데치듯 익히면서 덜어 먹는다.
4 한 젓갈씩 앞접시에 담아 쪽파를 얹고 소스를 끼얹어 먹는다.

＊ 남은 국물에 반쯤 삶은 국수사리를 넣고 마저 끓여 먹을 수 있다.
＊ 전골 냄비에 국물 재료를 넣고 끓이면서 간을 맞춘 뒤 식탁으로 옮겨 인덕션을 이용하면 좋다.

표고버섯. 수많은 버섯 중에 가장 많이 사용되고 가장 널리 연구된 버섯이다. 농약이나 비료 없이 신선한 물과 맑은 공기만으로 재배되는 무공해 농산물이기도 하다. 비타민 B를 비롯한 여러 비타민과 철분, 칼륨 같은 여러 미네랄을 가진 식물로서 지금 같은 오염의 시대에 자연이 인간에게 주는 소중한 선물이라고 할 수 있다.

《 샤부샤부 요리 》

샤부샤부는 팔팔 끓는 국물에 얇게 썬 쇠고기나 돼지고기·채소를 살짝 익혀 소스에 찍어 먹는 일본식 스타일이다. 우리 전골과 비슷하지만 식재 마련과 조리가 훨씬 더 간편해서 내가 애용하는 메뉴 가운데 하나다.

몸이 노화하자 하루 세끼가 버거워졌다. 몇 년 전부터 하루 두 끼 먹기를 시도했는데, 하기를 잘했다 싶다. 아침은 주로 생선을 포함한 한식, 저녁은 육류가 들어가는 메뉴로 상차림 한다. 필요에 따라 낮 동안 간식을 한다. 그래도 자칫 저녁에 과식할 때가 많아 새롭게 개발하게 된 '일품요리' 가운데 하나가 돼지고기 샤부샤부다.

샤부샤부용 돼지고기는 정량대로, 채소도 원하는 만큼 알맞게 국물에 익혀 먹는다. 그러는 동안 돼지고기와 채소 맛이 우러나 어우러진 국물에 반쯤 삶은 국수사리를 넣고 마저 끓여서 먹는다. 그야말로 주식과 부식을 한꺼번에 해결할 수 있는 좋은 일품요리다.

스테이크 ①

재료

소고기 안심(1.5cm두께), 소금, 후춧가루, 버터 1T, 식용유 또는 올리브유 약간

만들기

1 소고기는 30분 전에 한 면에만 소금을 소량 뿌려 놓는다.

2 프라이팬에 약간의 식용유를 두르고 데워졌을 때(손바닥을 프라이팬에 대봤을 때 따끈한 상태) 소고기를 넣고 중약불에서 뚜껑을 덮고 1분간 지진다. 뒤집어서 뚜껑을 열고 1분간 지진다.

3 프라이팬을 기울여 버터를 녹인 다음 숟가락으로 떠서 2의 한 면에만 끼얹는다.

＊ 식성에 따라 지지는 시간을 조절한다.

＊ 소고기에 소금을 너무 많이 뿌리면 지질 때 물이 생겨 소고기가 질겨지고 맛도 떨어진다.
　　먹을 때 식성에 따라 소금과 후춧가루를 더 사용한다.

＊ 감자 스테이크를 곁들이면 좋다.

스테이크 ②

재료(4인분)

등심 600g(2cm~2.5cm두께), 소금, 후춧가루, 올리브유(식용유)

만들기

1 소고기는 통째 또는 이등분해서 한 면만 소량의 소금을 뿌려 20~30분 정도 둔다.

2 뚜껑 있는 프라이팬을 불에 달군다(약3분). 올리브유를 적당량 두르고 데워지면 ①을 넣고
   뚜껑을 닫고 중약불에서 앞뒷면 각 1분씩 지진다.

3 약불로 낮추고 뚜껑을 열고 다시 ②를 앞뒷면 각 3분씩 지진다.

4 레스팅(Resting : 소고기를 다 익힌 뒤 육즙이 빠져 나가지 않게 실온에 그냥 두는 것) 10~15분

5 편편한 나무도마 같은 데 ④를 얹어 식탁에 놓고 썰어서 몇 점씩 갖다 먹으면 좋다. 이때 소금과
   후춧가루를 각 접시에 두고 식성대로 찍어서 먹는다.

---

* 굽기 정도는 식성에 따라 시간을 조절해서 구우면 된다.

처음 앞뒷면 각 1분씩 지지기는 공통이다.

감자스테이크

재료

감자, 올리브유, 소금

만들기

1 감자는 약간 덜 익을 정도로 굽거나 삶는다.

2 감자 크기에 따라서 ①을 4~6등분으로 먹음직스럽게 토막 낸다.

3 달구어진 프라이팬에 올리브유를 두르고 데워지면 ②를 넣고 굽는다. 뒤집어 가면서 껍질이
   바싹해질 때까지 충분히 굽는다. 소금을 뿌려 마무리한다.

감자. 7천년쯤 전 페루 남부에서 재배되기
시작해 스페인 사람들에 의해 유럽과 전
세계로 퍼져나갔다. 유럽 사람들은 처음
관상용 정원 식물로 키우기 시작했으며,
최음제로 오인받기도 했고 한때 악마의
식물이라 하여 배척당하기도 했다. 어느새
쌀, 밀, 옥수수와 더불어 세계 4대 식량
작물로 자리 잡았다.

연어스테이크

재료(2인분)

연어 150g 분량 2토막, 백포도주 1/4~1/3C, 향신료(로즈마리 또는 바질), 양파 1/3~1/2개, 소금, 후추, 올리브유, 당근 1/3개, 마늘 6개, 아스파라거스 2대, (레몬)

소스 발사믹 소스, 간장, 꿀

만들기

1   연어, 네모로 썬 양파, 향신료, 소금, 후춧가루, 올리브유를 적당량 섞어서 15분 잰다.

2   아스파라거스는 손질해서 반으로 자른다.

3   두껍게 썬 당근은 간을 하지 않고 10분 찐다.

4   **소스 만들기:** 발사믹 소스 3T, 간장 3T, 꿀 1T를 합해서 30초~1분 끓인 다음 식힌다.

5   팬을 센불로 달구고 기름을 넣지 않고 ①과 ②를 넣어 볶으면서 뒤적인다. 연어는 30초~1분이면 익는다. 뒤집어서 다시 지진다.

6   백포도주를 넣고 뚜껑을 덮은 상태에서 1분 더 익힌다. 뚜껑을 열고 포도주가 좀 더 졸여지게 볶다가 마무리한다.

7   ③의 당근을 곁들여 접시에 담고 식성에 맞게 소스를 끼얹어 먹는다.

(식성에 따라 레몬도 뿌린다.)

콩자반

재료

서리태 2C, 간장 8T, 설탕 3T, 물엿 6T, 참기름 3T, 다시마 1장(손바닥 크기),
청주(맛술) 6T

만들기

1 서리태를 깨끗이 씻어 움푹한 냄비에 담고 물 4C을 넣고 끓으면 중불에서 20분~30분 끓인다.
   물이 반으로 줄 때까지 끓이되 필요하면 물을 더 넣는다. 다시마를 넣어 같이 끓이다가
   10분 뒤 건져낸다.
2 ①에 간장, 설탕, 청주를 넣고 뚜껑을 연 채 센 불에서 조린다.
3 거의 다 조려졌을 때 물엿을 넣고 조금 더 덖다가 불을 끈다.
4 참기름을 넣어 섞고 마무리한다.

---

* 식성에 따라 콩이 무른 것 또는 탱글탱글하면서 씹히는 맛을 좋아할 수 있다. 무른 콩을
   좋아하면 콩을 삶기 전에 불려서 삶고, 콩을 먹어봐서 적당히 익고 고소한 맛이 날 때까지만
   끓인다.
* 뚜껑을 열고 조릴 때는 콩이 더 이상 물러지지 않는다.

어묵조림

재료

어묵 300g

양념장 간장 3T, 맛술 1T, 물엿 2T, 고추장 1T, 물1/3C, 식용유 1T, 통깨

만들기

1 어묵은 끓는 물에 데치고 찬물로 헹군 뒤 먹기 좋은 크기로 썬다.

2 조림 냄비에 담고 양념장을 넣어 조린 뒤 통깨를 뿌린다.

※ 어묵 종류에 따라 양념 양을 조절한다. 식성에 따라 양념장에서 고추장을 생략할 수 있다.

전복초

재료

전복 3개, 쇠고기(우둔살 또는 사태) 50g, 대파 1/2대, 양파 30g, 홍고추 1/3개, 간장, 설탕, 참기름

쇠고기 양념 간장, 다진 파, 다진 마늘, 참기름, 후춧가루

만들기

1 전복을 손질해 몸통만 찜통에 올린 뒤 술을 뿌리고 크게 썬 대파를 올려 1시간 30분 찐 다음 꾸덕꾸덕하게 말린다.

2 쇠고기는 납작하게 썰어 양념하고, 양파는 반 갈라 4~5 등분한다.

3 마늘은 편으로 썰고 고추는 어슷하게 썰어 씨를 털어낸다.

4 쇠고기를 볶다가 물을 넣고 한소끔 끓으면 간장과 설탕을 넣은 뒤 도톰하게 저민 전복·마늘·양파를 넣고 조린다.

5 어느 정도 조려지면 고추를 넣고 꿀과 참기름을 넣어 고루 섞는다.

6 그릇에 담은 뒤 잣가루나 통깨를 뿌린다.

《 전복초 》

초(炒)는 재료를 장물에 조려 윤기가 나게 만드는 조리법을 말한다. 쇠고기를 넣고 끓인 장물에 전복을 조린 전복초는 조선 시대 궁중에서 먹던 음식이다. 전복을 찌고 말리는 과정이 있어야 특유의 쫄깃한 맛을 즐길 수 있는 전복초는 느림을 추구하는 세계적 슬로푸드 운동과 연결된다. 비교적 시간 여유가 생긴 뒤로 나는 맛은 물론이고 고급스럽고 저장성이 좋은 이 음식을 일상의 메뉴에 포함시켰다. 찐 전복은 한겨울만 빼면 옥외에서 하루면 적당히 마르고, 실내에서도 말릴 수 있다. 전복은 찌지 않으면 조린 뒤에 딱딱해진다. 한꺼번에 많이 장만해서 쓸 만큼 남기고 나머지는 냉동보관 해도 맛이나 식감에 변함이 없다.

전복무침

재료

전복(중치) 3마리, 미나리 5~6줄기, 배 1/4개, 밤·석이버섯 3개씩, 건 고추 1/2개, 대파 1과 1/2대
액젓 양념 맑은 멸치액젓 1T, 식초·레몬즙·소금 약간씩

만들기

1 전복은 솔로 문질러 씻은 뒤 껍데기를 떼고 이빨과 내장을 빼낸다. (이빨은 버리고 내장은
   별도로 쓴다) 손질한 전복은 김이 오르는 찜통에 올리고, 5~6cm 길이로 썬 대파를 얹어
   뚜껑을 덮고 1시간 30분 쪄낸 다음 한입 크기로 도톰하게 어슷썰기 한다.

2 배는 껍질을 벗기고 한입 크기로 얇게 어슷썰기 한다. 밤은 속껍질까지 벗겨 편으로 썰고,
   미나리는 손질해 3cm 길이로 썰고, 대파는 가늘게 채 썬다.

3 건 고추는 반을 갈라 씨를 빼고 자연스러운 모양이 되도록 손으로 찢는다. 석이버섯은 물에
   불려 다듬은 뒤 건 고추와 비슷하게 찢는다.

4 볼에 준비한 재료들과 액젓 양념 재료를 모두 넣고 버무린 뒤 그릇에 담아낸다.

※ **전복내장무침** 내장은 먹기 좋은 크기로 썬 뒤 다진 마늘, 다진 파, 고춧가루, 간장, 와사비,
   참기름, 식초 약간, 깨소금을 넣고 무친다. '전복은 내장을 먹기 위해 산다'고 말할 정도로 영양
   덩어리 강장제다.

북엇국①

재료

북어 1마리(150g), 콩나물 100g, 두부 150g, 홍고추 1개, 소금, 후춧가루, 다진 마늘, 대파,
참기름 1큰술
육수 북어대가리와 껍질, 무 100g, 마른고추 2개, 다시마 1개(손바닥 크기), 모시조개 10개

만들기

1 북어는 대가리를 떼고 껍질을 벗기고 적당한 크기로 찢는다. 물에 씻어서(불리지 않고) 꼭 짠다.
2 물에 육수 재료를 넣고 끓이다가 마지막에 모시조개를 넣고 익으면 바로 불을 끄고 조갯살만
   발라낸다. (멸치 육수를 사용할 수 있다.)
3 국솥에 참기름 1T를 넣고 달군 뒤 ①을 넣고 5분 정도 포실해질 때까지 볶다가 육수를 넣고
   충분히 끓인 다음 콩나물과 두부, 조갯살, 어슷썰기 한 대파와 홍고추, 다진 마늘 1T, 소금
   1/2T, 후춧가루를 넣고 한 소끔 더 끓인다.

북엇국②

재료

북어 1마리, 소고기(국거리 80g), 콩나물 100g, 다진 마늘, 대파, 소금, 후춧가루, 멸치육수,
참기름 1과1/3

만들기

1 북어는 대가리를 떼고 껍질을 벗겨 찢는다. 물에 씻어서(불리지 않고) 꼭 짠다.

2 소고기는 잘게 썰어 참기름 1/3 큰술로 달군 냄비에 넣고 볶다가 물 2C을 넣어 끓으면 중약불로
   15분 끓인다.

3 국솥에 참기름 1큰술을 넣고 달군 뒤 ①을 넣고 5분 정도 포실해질 때까지 볶다가 멸치 육수와
   ②를 넣고 5분 정도 끓인 다음 콩나물, 다진 마늘, 어슷썰기한 대파, 소금, 후춧가루를 넣고
   한소끔 더 끓인다. 새우젓으로 마지막 간을 맞추면 좋다.

북어구이

재료

북어(중치)두 마리, 식용유 적당량

양념장 간장 4T, 고춧가루 1/2~1T, 다진 파 3T, 다진 마늘 1T, 참기름 1T

만들기

1 북어는 물에 적셔서 두어 시간 두었다가 대가리와 지느러미를 떼내고 네 토막 낸 다음 짜서
　물기를 없앤다. (전날 밤에 북어를 물에 적셔서 비닐봉지에 넣고 봉해 두었다 써도 된다.)
　오그라들지 않게 하기 위해 가위로 가장자리와 앞뒤에 칼집을 낸다.

2 물 5T를 양념장 재료와 잘 섞어 토막 낸 북어에 골고루 잘 바른다.

3 두꺼운 프라이팬을 먼저 달구고 기름을 넉넉하게 두른 뒤 뜨거워지면 북어를 껍질 부위가
　밑으로 가게 깔고 물 2t를 넣은 다음, 뚜껑을 덮어 수증기가 퍼지면서 양념이 북어 속까지 고루
　배어들게 지진다.

4 뚜껑을 열고 양념에서 배어나온 수분을 증발시킨 뒤 뒤집어서 살 쪽 부위가 노릇노릇해질
　때까지 지진다.

＊ 소고기 장조림 국물이 있으면 간장과 섞으면 좋다.

＊ 북어는 양념해서 일주일 정도는 김치 냉장고에 보관할 수 있다.

＊ 조리한 북어는 냉장고에 보관해 두었다가 전자레인지에 데워 먹을 수 있고, 맛이 담백하기
　때문에 그냥 차게 먹어도 좋다.

생선매운탕

재료

대구, 광어, 생선서덜이(생선의 살을 발라내고 남은 뼈, 대가리, 껍질, 내장 따위), 놀래미,
삼숙이, 갈치 등

양념 찌개고추장 1T, 고춧가루 1/2T(또는 된장 1큰술, 고춧가루 1큰술), 무 한 토막(150g), 마늘 1T,
소금 적당량, 대파 1/2대의 비율, (쑥갓)

만들기

1 생선을 손질해 먹기 좋은 크기로 토막 낸다.
2 매운탕 냄비에 생선 분량에 맞추어 물을 잡는다. (끓이면 생선에서 물이 나오므로 의외로 적은
   양이다.)
3 고추장, 고춧가루, 소금, 칼로 빚거나 적당한 크기로 썬 무를 넣고 끓인다.
4 생선을 넣고 중불에서 10분 정도 끓이다가 마늘을 넣고 약불에서 5분 정도 더 끓이고 간을
   본다. 어섯 썬 대파를 넣고 한 소끔 더 끓인다. 불을 끈 상태에서 쑥갓을 위에 얹고 잠시 뚜껑을
   덮었다가 마무리한다.

---

* 매운탕으로 끓일 수 있는 사철 모든 생선에 다 적용할 수 있다.
  찌개고추장을 사용하면 풍미를 더 낼 수 있다. (p.319 찌개고추장 참조.)

닭모래주머니볶음

재료

닭모래주머니 250g, 파 1대, 파프리카(적색) 150g, 통흑후추 1/2t, 다진 청량고추 1/2T,
참기름 1T, 간장 1t, 소금 1/2t

만들기

1 닭모래주머니는 하얀 힘줄 부분을 긁어 없애고 절반으로 자른다. 파는 1cm 두께로 어섯쓸기
   하고, 파프리카는 세로로 반을 잘라 꼭지와 씨앗을 제거해서 길이 3~4cm, 폭 1cm로 자른다.
   흑후추는 키친타월에 싸서 숟가락으로 으깬다.

2 프라이팬에 참기름 1/2T를 넣고 중불로 달구고, 닭모래주머니를 넣어 약 3분간 볶는다.
   불을 끄고 일단 꺼낸 다음 간장으로 무친다.

3 ②의 프라이팬에 참기름 1/2T를 넣어 중불로 달구고 으깬 흑후추를 볶는다. 향이 나기
   시작하면 파, 파프리카, 다진 청량고추를 넣고 2~3분간 볶는다. 닭모래주머니를 다시 넣어
   소금을 뿌리고 뒤집어주면서 1~2분간 같이 볶는다.

---

* 채소의 단맛과 흑후추의 알싸하고 매운 맛은 전체 맛을 한층 더 돋워준다. 청량고추는
   누린내를 잡아준다. 맥주 안주로도 좋다.

파프리카. 원산지는 남아메리카다.
토마토나 감자, 가지와는 사촌이고, 고추와
피망과는 동일한 종으로, 사실 색과 이름만
다르지 한 가족이나 다름없다.

닭날개소금구이

재료(2인분 기준)

닭날개 6~8개, 소금 1/2t, 식용유 약간, 통후추(으깬 것) 약간, 레몬 적당량

만들기

1 닭날개는 찬물에 씻어서 물기를 닦는다. 뼈를 따라 주방 가위로 칼집을 넣는다. 소금과 후추를
   뿌리고 20분 그대로 두어 밑간을 한다.

2 키친타월로 중강불에 둔 프라이팬에 식용유를 가볍게 바른다. 약 3분 뒤, 닭날개를 껍질이
   두꺼운 면을 아래로 해서 나란히 넣는다. 집게 같은 것으로 가볍게 눌러주면서 8분간 굽는다.
   뒤집어서 중불로 낮추고, 새어나온 기름을 키친타월로 닦아주면서 약 6분간 더 굽는다.

3 그릇에 담고 반으로 자른 레몬을 곁들인다.

＊ 겉면을 바싹하게 구우면 닭 날개의 감칠맛을 그대로 즐길 수 있다.

멸치견과류볶음

재료

볶음용 멸치(잔멸치가 좋다.) 150g, 호두 70g, 아몬드 50g, 땅콩 50g, 해바라기 씨 30g,

통마늘 50g, 식용유 1/2C, 통깨 10g

양념장 간장 1T, 설탕 3T, 청주 3T

만들기

1 호두는 땅콩 크기로 쪼개고 다른 견과를 더해 끓는 물에 살짝만 데쳐서 물기를 거둔다.

2 마늘은 3mm 두께로 저민다.

3 마른 팬에 견과류를 바삭하게 볶는다.

4 팬에 위 분량의 식용유를 넣고 뜨겁게 달군 뒤 저민 마늘을 넣고 서서히 볶아 노릇하게 만든 뒤 건진다.

5 ④에 멸치를 넣고 중불로 서서히 바삭하게 볶는다.

6 냄비에 양념장을 넣고 바글바글 끓여 걸쭉해지면 볶아둔 멸치와 견과류를 넣고 고루 섞는다.

7 통깨를 뿌리고 마무리한다.

＊ ①은 생략할 수 있다.

멸치볶음

재료

멸치(아주 작은 것 말고 어지간히 작은 것) 200g, 식용유(고추기름이 좋다.) 1/3C, 설탕 3T,
물엿 3T, 잘게 자른 호두70g, 참기름 1/2T, 통깨

만들기

1 밑이 두껍고 우묵한 팬에 멸치를 넣고 센 불로 2분쯤 덖는다. (잡냄새를 없애고 멸치를
   바삭하게 건조시킨다.)
2 식용유(고추기름) 1/3C을 넣고 중불에서 ①을 골고루 섞으면서 볶는다. 이때 호두를 넣고 조금
   더 볶다가 충분히 따끈해졌을 때 불을 끈다.
3 설탕을 넣고 저어서 거의 다 녹았을 때 물엿을 넣고 저어서 윤기를 낸다.
4 참기름 1/2T를 넣고 섞는다. 통깨를 뿌린다.

건새우볶음

재료

건새우 150g(크고 살이 많은 것이 좋다.), 참기름 1T, 통깨
양념장 간장 1.5T, 고운고춧가루 1.5~2T, 다진 마늘 1.5T, 설탕 1T, 맛술 4T, 식용유 2T, 물엿 2T

만들기

1 먼저 중약불에서 새우를 덖어 낸다. (팬의 부스러기는 닦아 낸다.)
2 팬에 양념장을 넣고 기포가 뽀글뽀글 올라올 때까지 끓인다.
3 불을 끄고 ①을 넣어 잘 섞는다.
4 불을 켜고 한 번 더 볶는다. 불을 끄고 참기름과 통깨를 넣고 버무린다.

갈비찜

재료

갈비 1.2kg,

고명 무, 당근, 표고

데침 용 무, 양파, 통마늘, 통후추, 대파

양념 배즙(배 140g), 간장 6TS, 설탕 1.5TS, 마늘 1TS, 청주 3TS, 후춧가루 1ts, 참기름 1TS

만들기

1 갈비를 찬물에 담가 충분히 핏물을 빼고, 헹구어 건져 놓는다.

2 물 1L에 양파 반 개, 무 한 쪽, 통마늘 10개, 통후추 1ts, 대파 반 대를 넣고 끓으면 ①을 넣고 10분 끓여서 데친다.

3 ②에서 갈비를 건져 흐르는 찬물에 씻어 건져 놓는다.

4 ②의 갈비 데친 물에서 건더기를 건져내고 국물만 가만히 따라 식혀서 냉장고에서 한 나절 또는 하룻밤 두었다가 기름을 걷어낸다.

5 무와 당근은 적당한 크기로 잘라 모서리 깎기, 표고는 불려서 적당한 크기로 썬다.

6 솥에 갈비를 넣고, 가운데 양파(중치) 한 개를 깔아 놓는다.
   여기에 ④의 갈비 데친 물과 양념장 2/3를 끼얹고 중불에서 30분 끓인다.

7 ⑤의 고명과 나머지 양념을 넣고 20분 더 끓인다.

---

* 시간이 충분하면 조리를 끝내고 남은 국물을 따라 식혀서 다시 한 번 더 기름을 걷어내면 좋다.

브로콜리볶음

재료

부로콜리, 통마늘, 올리브유, 소금, 후춧가루

만들기

1 부로콜리는 적당한 크기로 쪼갠다. 줄기 부분의 껍질은 적당히 벗긴다.
2 달구어진 프라이팬에 올리브유를 넉넉하게 두르고 데워지면 도톰하게 저민 마늘을 넣고 볶는다.
   마늘냄새가 나면 즉시 부로콜리를 넣고 잠시 볶은 후 뚜껑을 덮고 약불에서 2분 정도 둔다.
3 뚜껑을 열고 ②에 소금과 후춧가루를 넣고 마무리한다.

---

* ②에 뚜껑을 덮는 것은 브로콜리를 익히기 위해서다. 후춧가루는 식성에 따라 생략할 수 있다.
* 소고기 스테이크와 곁들이면 좋다.

브로콜리. 요리하기 전에
잘 씻는 과정이 필요하다. 넉넉한
물에 푹 담그기를 10분에서
20분 가량 두세 번 해준다.
물을 갈아줄 때 봉오리 속의
이물질이 달아나도록 흔들어준다.
마지막에는 식초나 소금을
조금 물에 넣어서 있을 수 있는
잔류농약까지 없앤다.

채소수프

재료(4인분 기준)

잣 2/3C, 감자(소) 2개, 양파(소) 2개, 브로콜리 1송이(브로콜리 대신 양배추, 당근, 단호박 등을 넣어도 된다.), 닭육수 3C(없으면 치킨부용 1~2개나 치킨브로스 1통), 소금 약간, (꽃당근, 파슬리)

만들기

1 감자, 양파, 브로콜리는 적당한 크기로 썬다.
2 냄비에 닭육수를 넣고 양파와 감자를 푹 익힌다. 뚜껑을 열고 브로콜리를 넣어 잠시 익힌다. 소금 간을 약하게 한다.
3 ②가 어느 정도 식으면 잣을 넣고 핸드블랜드로 곱게 갈아준다.
4 수프 그릇에 담은 다음 꽃 당근이나 건 파슬리 가루를 뿌려준다.

---

* 감자가 없을 때는 남은 찬밥을 이용해도 좋다.
* 브로콜리 잎 부분은 처음부터 넣으면 색이 누렇게 변하므로 나중에 넣는다.
* 잣 대신 잘게 빻은 호두나 아몬드를 사용할 수 있다.

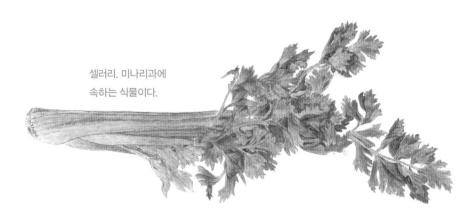

셀러리. 미나리과에
속하는 식물이다.

러시안수프

재료

소고기(등심), 토마토, 토마토 페이스트, 양파, 양배추, 셀러리, 당근, 감자, 파프리카, 버터, 소금,
다진 마늘, 후춧가루, 물 적당량(또는 치킨부용), 청주와 포도주 적당량

만들기

1 소고기는 엄지손가락 한 마디 길이로 두툼하게 썰어서 소금 약간과 후춧가루로 밑간을 하고,
   토마토는 끓는 물에 데쳐 껍질을 벗긴 뒤 잘게 썬다. (캔에 든 토마토도 사용할 수 있다.)
   양배추는 큼직하게, 셀러리는 5mm 두께로 어슷, 당근은 3mm 두께로, 감자는 6~7mm 두께,
   파프리카는 적당한 크기로 썬다. (파프리카는 생략할 수도 있다.)

2 우묵한 팬에 버터를 녹이고 다진 마늘과 얇게 썬 양파를 넣고 볶다가 향내가 나면 고기를 넣어
   겉면만 익을 때까지 볶는다.

3 오래 끓여야 할 감자, 당근, 양배추를 넣고 한소끔 끓인 뒤 셀러리와 물 적당량(치킨부용
   1~2개)을 넣고 6~7분 더 끓인다. 이때 청주, 포도주 적당량을 넣는다.

4 토마토와 토마토 페이스트를 넣고 끓이면서 소금과 후춧가루로 간을 맞춘다.

---

* 토마토 5개(또는 캔 토마토 2개), 토마토 페이스트 2T 비율

* 토마토만으로는 붉은 색깔이 약하므로 페이스트를 넣는다. 너무 많이 넣으면 맛이 텁텁하고
   신맛이 강해지므로 양을 잘 조절한다. 영양가를 위해 보리쌀을 푹 삶아서 섞어도 좋다.

카레라이스

재료

소고기, 토마토, 양파, 감자, 당근, 단호박, 올리브유, 소금과 후춧가루 약간, 발사믹식초, 버터,
고형카레, 치킨 브로스 또는 치킨부용

만들기

1 소고기는 엄지손가락 한 마디 정도로 약간 굵직하게 썬다. 감자와 당근, 단호박은 먹기 좋게
   썬다. 토마토는 껍질을 벗기고 잘게 썬다. 양파는 반으로 잘라 채 썬 다음 다시 잘게 썬다.

2 프라이팬에 버터를 넉넉하게 두르고 양파를 넣어 갈색이 될 때까지 볶는다. 처음에는 중불에서
   볶다가 탈 것 같으면 약불로 볶기를 되풀이한다. (20분 정도 걸린다.)

3 우묵한 팬에 올리브유를 두르고 소고기를 지진다. 이때 소금과 후춧가루를 약간만 뿌린다.
   물은 조금 넣고 토마토를 넣어 끓인다. 토마토가 형태가 없어질 즈음 ②를 넣는다.

4 ③에 감자와 당근을 넣어 다시 끓여 거의 다 익어갈 때 단호박을 넣는다

5 ④에 분량만큼 물을 잡고 치킨부용 1~2개와 고형 카레를 녹인 다음 휘휘 저으면서 한 소끔
   끓인 뒤 불을 끈다.

6 ⑤에 발사믹식초 1t를 넣고 젓는다.

---

* 양파, 당근, 토마토, 감자는 필수. 단호박 대신 완두콩을 쓸 수 있다. 둘 다 생략해도 된다.

* 양파를 갈색 캬라멜로 볶는 것이 중요하다.

단호박, 감자, 토마토, 당근, 양파.
카레라이스에는 다양한 종류의 채소가
쓰이지만 카레의 독특한 맛은 주성분인
강황에서 나온다. 동의보감은 강황을 이렇게
설명했다. '성질이 따뜻하며 맛은 맵고 쓰며
독이 없다. 사람의 냉기를 풀고 풍을 없애며,
다쳐서 생긴 어혈을 삭힌다. 또한 여자의
아랫배에 생기는 여러 병증을 다스리는 효능이
있다.' 카레는 인도를 대표하는 식품이지만
한국과 일본을 비롯하여 여러 나라에서
중요한 식재료 쓰이고 있다.

로메인. 로마인들이 즐겨 먹던 상추라 하여 이름이 로메인상추이다.
일반 상추류와 달리 열에 강하다. 맛이 쌉쌀하고 향긋하며, 잎이 아삭아삭하고 단단하다.
시저 샐러드용으로 가장 많이 쓰인다.

치킨시저샐러드

재료(4인분)
로메인 300~400g, 닭가슴살(큰 것) 2쪽, 소금 2t, 후춧가루 2t, 레몬즙 2T, 크루통 바게트 4쪽
드레싱 앤초비 2~4쪽, 달걀노른자 1개, 마늘 오일 6T, 레몬즙 2T, 다진 양파 2T, 파마잔 치즈 2T,
소금 1/2t, 후춧가루 약간

만들기

1 로메인은 뿌리 쪽을 잘라내고 잘 씻어 물기를 빼고 먹기 좋은 크기로 자른다.

2 앤초비는 잘게 다진다.

3 **마늘 오일 만들기**: 냄비에 식용유 1/2C을 넣고 저민 마늘을 더해 마늘이 갈색이 될 때까지 약한
불로 끓인 뒤 마늘을 건져낸다. 튀긴 마늘은 샐러드에 뿌린다.

4 유리 볼에 달걀노른자를 넣고 마늘 오일을 조금씩 부어가며 거품기로 섞는다.

5 ④의 질감이 걸쭉해지면 ②와 레몬즙, 다진 양파, 파마잔 치즈, 소금, 후춧가루를 넣고 잘 섞어
드레싱을 만든다.

6 **닭가슴살 굽기**: 고기의 가운데에 칼집을 넣어 양면을 펼쳐서 나비 모양으로 만든 다음 고기
망치로 두드리거나 포크로 찍어 육질을 부드럽게 한다. 소금, 후춧가루, 레몬즙으로 잰다. 먼저
팬이 강불로 연기가 올라올 정도로 달궈지면 불을 살짝 줄여 닭가슴살을 치익 소리가 나도록
굽는다. 앞면이 노릇하게 익으면 뒷면도 같은 방법으로 중약불로 속이 촉촉하게 굽는다. 속살이
연한 핑크색이면 알맞게 익은 것이다.

7 **크루통 만들기**: 갈색의 식빵 테두리를 잘라 올리브유를 살짝 흩뿌려 오븐에 바싹하게 굽거나
프라이팬에 노릇노릇하게 구운 뒤 큐브 모양으로 자른다. 또는 바게트에 올리브유를 바르고
오븐이나 토스터에 바싹 구어 손으로 툭툭 뜯는다.

8 샐러드 볼에 로메인을 먼저 담고 드레싱으로 잘 버무린 다음 닭가슴살과 크루통을 골고루
뿌린다.

❋ 삶은 달걀이나 구운 베이컨을 잘게 부수어 같이 올려도 좋다.

훈제연어샐러드

재료

훈제 연어, 로메인, 양상추, 양파, 토마토(방울토마토), (무순), 레몬즙, 케이퍼
드레싱 홀스레디쉬 2T, 레몬즙 2T, 마요네즈 4T, 다진 양파 2T, 꿀 1T, 소금

만들기

1 로메인과 양상추는 씻어서 물기를 제거하고 손으로 먹기 좋게 뜯는다.

2 양파는 채 썰어 찬물에 담가 매운맛을 없애고 물기를 제거한다.

3 토마토는 씻어서 적당한 크기로, 방울토마토는 반으로 자른다.

4 무순은 씻지 말고 머리 부분을 대강 잘라낸다. (초록빛을 조금 줄이기 위함.)

5 드레싱을 만들어둔다.

6 접시 맨 밑에 로메인과 양상추를 깔고, 그 위에 연어와 양파를 얹고, 토마토는 군데군데 놓고
   무순을 맨 위에 얹은 뒤 케이퍼를 적당히 뿌린다.

7 서브할 때 드레싱을 뿌린다.

깻잎. 밭에서 자라는 채소들이 대체로 그렇듯이 깻잎 또한 날로 먹고, 익혀서 먹고, 섞어서 먹고… 사용 범위는 무척 넓다. 예부터 인도, 한국, 중국을 비롯한 아시아 여러 지역에서 재배해왔으나 식용으로 먹는 것은 우리나라가 거의 유일하다고 한다.

부추장떡

재료(4인분)

부추 60g, 깻잎 20g, 풋고추 10g, 박력분 50g, 고추장 1t, 된장 1t, 얼음물 100ml, 식용유, 들기름

만들기

1 부추는 2cm 길이로, 깻잎은 5mm×2cm 길이로 썬다. 풋고추는 얇게 송송 썰어서 물에 헹궈 씨를 털어낸다. 볼에 밀가루를 담고 얼음물에 푼 고추장과 된장을 넣고 반죽한다.

2 ①에 부추, 깻잎, 고추를 넣는다. 팬을 달궈 식용유에 들기름을 섞어서 넉넉하게 두른 다음, 반죽을 수북이 떠 넣고 얇게 펴서 지진다. 한 면이 노릇해지면 뒤집어서 지진다.

파에야(일본식)

재료(4인분)

쌀 2C, 오징어 1마리, 새우 8마리, 바지락(홍합) 200~300g, 닭날개(닭다리) 300g, 마늘 3쪽,

양파 1/2개, 연근 5cm, 표고버섯 3개, 아스파라거스 5개, 올리브유 2T, 다시마 다시 3C,

소금·후춧가루 약간씩

양념 간장 1~2T, 맛술 1T, 후춧가루 약간, (소금 1/3t)

만들기

1 오징어는 손질해 링 모양으로 자르고, 새우는 내장만 이쑤시개로 제거하고 껍질째 사용한다.

   바지락은 해감한 다음 깨끗이 씻는다.

2 닭날개는 씻어 물기를 닦은 뒤 소금, 후춧가루를 뿌린다.

3 마늘, 양파는 잘게 다진다. 연근은 얇게 썰고 다시 네 등분하여 은행잎 모양으로 썰고,

   표고버섯은 채 썬다. 아스파라거스는 밑손질한 다음 3~4cm 길이로 자른다.

4 쌀은 30분 전에 미리 씻어 체 밭쳐 놓는다.

5 달군 팬에 올리브유를 두르고 마늘, 양파 순으로 볶다가 향이 나면 닭날개, 오징어, 새우, 연근,

   아스파라거스를 넣고 볶아서 새우가 붉게 변하면 버섯을 넣고 소금으로 간한다.

6 쌀을 넣고 고루 저으며 볶다가 간장, 맛술을 넣고 섞은 뒤 바지락을 얹는다. 다시마 다시를 붓고

   센 불로 한소끔 끓인다.

7 파에야가 끓기 시작하면 뚜껑을 덮고 중불에서 2~3분 끓인 뒤 뚜껑을 열어 약불에서 10분

   정도 더 익히고 불을 끈다.

8 뚜껑을 덮어 뜸을 들인다. 먹기 직전 후춧가루를 뿌린다.

---

* 아스파라거스는 뿌리 부분을 오른손으로, 중간 부분을 왼손으로 잡고 꺾는다. 딱딱한 부분은

   버리고 필러로 껍질을 벗긴다. 먹기 좋은 길이로 토막 낸다.

《 파에야-일본풍 》

　　파에야(paella)는 원래 스페인어로 바닥이 둥글고 납작한 프라이팬을 뜻한다. 실은 그런 종류 냄비에 쌀과 해산물이나 육류·채소 등을 넣고 만드는 스페인식 쌀 요리로 널리 알려졌다. 그 종류가 한국의 김치만큼 다양하고, 파에야 조리법만 108가지를 담은 요리책이 있다 한다. 김치처럼 집집마다 사람마다 만드는 법과 넣는 재료가 다르다고 하니 흥미롭다.

　　나는 일본인 셰프가 개발한 일본풍 파에야를 골격으로 다시 내 방식으로 만들어 먹는다. 가족이 즐겨 먹는 해물 요리를 자주 하다 보니 쓰고 남은 파에야거리 해물이 늘 냉동칸에 쌓이기 마련이다. 오징어, 새우, 꽃게 다리, 바지락, 홍합 등은 냉동해도 맛은 물론이고 식감이 거의 그대로다. 그야말로 '냉장고 파먹기'에 적합한 메뉴다.

　　그 밖에 연근, 우엉, 당근, 죽순, 아스파라거스 등 그때그때 손쉬운 채소를 섞는다. 닭다리나 닭날개를 넣으면 맛은 물론 영양을 골고루 섭취할 수 있는 일품요리가 된다.

새우. 새우는 몸체에 콜레스테롤이 많은 대신 꼬리나 머리에 콜레스테롤 분해효소인 키틴이 또한 많다. 그런데 콜레스테롤을 상쇄시킬 키틴이 사람 몸에 흡수되지 않고 배설되어버리기 때문에 효과를 기대할 수 없다 한다. 그러나 혈중 콜레스테롤은 먹은 콜레스테롤의 양에 비례해 올라가는 요소가 아니기 때문에 걱정하지 않아도 된다.

달걀말이(일본식)

재료

달걀 3개, 무 5cm, 간장 약간, 식용유 적당량

양념 가쓰오다시 2T, 청주 1T, 소금 1/3~1/2t

만들기

1 볼에 달걀과 양념 재료를 넣고 거품이 안 나게 잘 섞는다.

2 무는 껍질을 벗겨 강판에 간다.

3 달군 팬에 식용유를 두르고 ①의 달걀물을 1/3 정도 부어 중불로 굽기 시작한다. 세 번 정도 나눠 부으면서 타지 않게 말아 굽는다.

4 불에서 내리면 김발로 모양을 잡는다. 5분 정도 식힌 뒤 3cm 두께로 자르고 무를 곁들인다. 기호에 따라 무에 간장을 뿌린다.

※ 네모난 달걀말이 전용 팬이 있으면 두툼하게 구울 수 있다. 무엇보다 불 조절이 중요하다.

이치반다시

재료

다시마 5×5 2장, 가쓰오부시 1C, 물 4~5C

만들기

1 냄비에 물과 다시마를 넣고 상온에서 20분간 두었다가 불에 올려 약불로 끓인다.

2 물 온도가 70~80도가 되면 불을 끄고 다시마를 건져낸다. 온도계가 없다면 냄비 가장자리에
   보글보글 거품이 올라오기 시작할 때 불을 끄고 건져낸다.

3 바로 가쓰오부시를 넣고 불에 올려 한소끔 끓인다. 끓어오르면 바로 불에서 내려 체에 걸러
   마무리한다.

자완무시

재료(4인분)

닭고기 안심 100g, 표고버섯 4개(120g), 참나물 4줄기, (은행, 새우)
달걀물 달걀 4개, 이치반다시 500ml, 맛술 1T, 일본제 생간장·소금 1t씩

만들기

1 닭고기는 길쭉하게 썬 뒤 끓는 물을 끼얹고 소금을 살짝 뿌려 놓는다. 표고버섯은 4등분한다.

2 참나물을 줄기는 5mm 길이로 잘게 썰고, 잎은 먹기 좋은 크기로 자른다. (팬에 기름을 살짝
   두르고 볶아서 껍질을 벗긴 은행이나 손질해서 살짝 데쳐 토막 낸 새우를 넣어도 좋다.)

3 볼에 달걀물 재료를 섞은 뒤 체에 곱게 내린다. 자완무시를 담을 작은 그릇에 준비한 ①, ②를
   넣고 달걀물을 부어 김이 오른 찜기에 올려 뚜껑을 닫고 강불로 2분, 뚜껑을 조금 열고 약불로
   25분간 찐다.

양배추샐러드

재료

여러 가지 색깔 채소들, 곧 양배추(필수), 자색 양배추, 홍피망, 당근, 고수잎(다른 푸른 채소 대체 가능), 샐러리, 방울토마토, 쪽파(잎사귀) 등 그때그때 가능한 채소, 통깨, 땅콩, 아몬드, 호두 등
드레싱 올리브유 3T, 레몬즙 4T, 간장 2T, 참기름 2T, 메이플시럽 2T(꿀 2T)

만들기

1 양배추는 채 썰어 물에 담갔다가 두어 번 헹군 뒤 물기를 없앤다.
2 다른 채소도 잘 씻어서 물기를 뺀 뒤 쪽파는 송송 썰고, 홍피망은 네모로 조그맣게 썰고, 당근은 1cm 정도 길이로 썰어서 다시 가로로 얇게 채 썬다. 샐러리는 5cm 길이로 썰어서 다시 가로로 얇게 썰고 아몬드는 슬라이스, 호두는 적당한 크기로 조각낸다.
3 드레싱을 담은 용기 뚜껑을 닫고 잘 흔들어 ②와 골고루 섞는다.

---

* 냉장 보관한 드레싱은 올리브유가 함유되어 냉장고에서 응고된다. 먹기 30분 정도 전에 꺼내 놓고 서브 직전에 용기를 흔들어 잘 섞는다. 상당 기간 냉장 보관할 수 있다.

양배추. 소화력을 높이고 위점막을 보호하는 비타민U가 많은 식품이다. 양배추에 풍부한 식이섬유는 장 운동을 활발하게 하여 장 청소를 도우므로 다이어트 음식으로도 좋다.

《 양배추 》

양배추는 우리 냉장고에서 일 년 내내 떨어지지 않는 채소다. 비타민 급원 채소 가운데 양배추같이 영양은 물론이고 값도 싸면서 저장성 좋은 것도 없다. 사철 채소를 여러 가지 요리 식재로 쓰지만, 특히 제철인 3~6월이면 별미로 양배추김치를 담그기도 한다.

양배추의 주된 효능

1 비타민 U는 소화력 강화와 위점막 보호 작용도 있다. 소화제는 물론이고 위장병 특효 식품으로도 쓰인다. 이를테면 일본의 국민 소화제라는 '캬베진'은 원료가 양배추다.
2 식이섬유는 장 운동을 활발하게 하여 장 청소를 도우므로 다이어트 음식으로도 좋다.
3 식이섬유는 살아서 장까지 가면서 살균작용과 면역 증강과 항암 작용을 유지한다. 세계 3대 장수식품 가운데 하나인 독일의 사우어크라우트(sauerkraut: 한국의 백김치와 비슷)가 유럽 전역에 퍼지면서 괴혈병의 공포에서 벗어났다고 한다. 땅이 얼어버리는 러시아 겨울에는 비타민을 공급하는 유일한 채소가 양배추라 한다.

어떤 채소든 농약 잔유물 제거가 과제다. 대체로 식초나 베이킹소다 물에 담갔다가 잘 씻으면 된다. 그러나 최근 이론은 물로 잘 씻는 것만으로도 충분하다 한다. 내가 가장 자주 많이 즐겨 먹는 메뉴는 양배추샐러드. 양배추 채칼로 한꺼번에 많이 채 썰고 잘 씻어서 물기를 뺀 다음 밀폐용기에 보관하면 일주일은 너끈히 먹을 수 있다.

밑동의 상태를 보면 신선도를 가늠할 수 있다. 되도록 싱싱한 것을 네 쪽으로 갈라 도려낸 심지에 물로 적신 키친타올을 얹고 비닐랩으로 싸두면 더 오래 보관할 수 있다.

탕평채

재료(4인분)

청포묵 1모(400g), 숙주 80g, 미나리 50g(또는 오이), 쇠고기 80g, (말린 표고버섯, 홍고추, 당근),
달걀 1개, 참기름, 소금, (김가루)

쇠고기 양념 간장 2t, 다진 파 1/2t, 설탕 1/2t, 참기름 1/4t, 다진 마늘, 후춧가루 약간씩

만들기

1 냉장고에서 굳힌 청포묵은 최대한 얇게 포를 떠서 길게 채 썬 뒤 끓는 물에 데친다. 말갛게
   익으면 체에 쏟아서 물기를 뺀 뒤 채반에 펼쳐 놓고 부채로 부치거나 선풍기 바람을 쐬어 곧바로
   식힌다. 그래야 청포묵이 탱글탱글해지고 젓가락으로 집어도 쉽게 끊어지지 않는다. 식힌
   청포묵을 소금과 참기름으로 무친다.

2 숙주는 거두절미하고 씻어서 냄비에 담고, 물과 소금을 약간 넣은 다음 뚜껑을 덮고 삶는다.
   우르르 끓으면 불을 끄고 1분 정도 있다가 체에 쏟아 식힌다.

3 쇠고기는 채 썰어 준비한 분량의 재료로 양념한 다음 달군 팬에 볶아서 식힌다.

4 미나리는 줄기를 4cm 길이로 썰어서 씻는다. 소금을 약간 넣고 끓인 물에 데친 뒤 찬물에 헹궈
   물기를 걷는다.

5 달걀은 흰자와 노른자를 섞어서 푼 다음 달군 팬에 식용유를 약간만 두르고 지단을 부쳐 4cm
   길이로 채 썬다.

6 볼에 청포묵, 숙주, 쇠고기, 미나리를 넣고 소금과 참기름으로 무친 뒤 그릇에 담고 달걀지단과
   김가루를 고명으로 얹는다.

* 빨강, 파랑, 노랑, 흑, 백 오방색의 빨강을 맞추기 위해 당근이나 홍고추를 넣는다.
* 채 썬 당근은 기름을 두르고 볶는다. 씨를 뺀 홍고추는 조리하지 않고 4cm 길이로 채 썬다.
* 미나리 대신 오이를 쓸 때는 5cm 길이로 썰고 돌려 깎기를 해 속은 빼고 껍질만 채 썰어 소금에 잠시 절였다 물기를 짠 뒤 소량의 식용유를 두르고 파랗게 살짝 볶는다.
* 말린 표고버섯은 불린 뒤 얇게 저며 채 썬다. 국간장, 물, 설탕, 약간의 식초를 넣은 양념에 조린다.
* 탕평채는 청포묵 무침을 기본으로 하되 부재료는 취향대로 선택하고 줄일 수도 있다. 최대한 간단하게는 청포묵에 소금과 참기름을 넣고 무치고, 위에 김가루만 얹어 내도 좋다.

《 탕평채 》

'청포묵무침'인 탕평채는 한식 중에서도 오미와 오색이 조화를 이루는 음식이다. 한식이라 하면 "손질이 많이 가는 음식"이라 여겨지곤 하는 메뉴 가운데 하나다. 해도 내게는 놓치고 싶지 않고 오히려 즐기면서 손님 상차림에도 애용하는 메뉴다.

청포묵은 재료가 녹두라 건강 식재에다 식감도 좋다. 값도 아주 싸다. 청포묵을 데쳐서 소금, 참기름, 깨소금으로 무치고 김 가루만 섞어도 맛있다. 게다가 청포묵을 기본으로 두세 가지 부재료를 넣기만 해도 품위 있게 보이면서 전채요리로 제격의 음식이 된다. 오색을 살릴 때는 깨소금은 넣지 않는다.

《 전(煎) 》

전(煎)은 번철에 기름을 두르고 생선·고기나 채소 따위를 얇게 썰어 밀가루를 묻혀서 지진 음식의 총칭이다. 한식에서 국이나 나물 종류가 부지기수이듯 전 또한 그렇다. 육전이나 민어전, 대구전 등과 같은 고급 전에서부터 냉장고에 남아도는 자투리 채소로 간단히 부쳐 먹는 소박한 전까지 다양하다.

우리의 '소울푸드'라고 할 수 있는 전은 특히 비 오는 날 구미가 당긴다. 이때는 소박한 전이 제격이다. 김치·쪽파·부추 등에 밀가루나 메밀가루만 있으면 누구나 손쉽게 조리할 수 있다. 냉동고에 으레 있기 마련인 몇 가지 해물이나 약간의 돼지고기를 섞으면 더욱 풍미가 난다.

오징어. 오징어볶음, 오징어튀김은 한국인에게 두루 친숙하다. 회를 비롯하여 초밥, 찜, 오삼불고기, 오징어볶음, 오징어순대, 그리고 무침, 순대, 버터구이까지 오징어의 활용 범위는 무척 넓다. 여기에 그냥 생물을 햇볕에 널어서 말린 마른오징어를 빼놓을 수 없다. 어획량이 점점 줄어드는 현실이 안타까울 따름이다.

피조개, 상추, 깻잎 등 채소와
초고추장 양념무침 한다. 싱싱한 것은
회로 먹거나 초밥에도 얹는다.

해물파전

재료

홍합, 오징어, 패주, 패주 날개, 굴, 피조개 등에서 두세 가지 해물, 쪽파, 달걀 2개,
밀가루(부침가루), 찹쌀가루, 소금, 후춧가루

만들기

1 밀가루 1C에 찹쌀가루 1C, 달걀 1개, 물 2C을 넣고 소금으로 간을 맞춰 약간 묽수그레하게
   반죽한다.
2 쪽파는 미리 씻어서 알맞은 크기로 잘라 소쿠리에 담아 냉장 보관한다. 그러면 물기가 빠져
   반죽이 잘 묻는다.
3 해물을 다져 소금, 후춧가루로 간한다. 여기에 달걀을 넣고 섞는다.
4 쪽파를 한 줌 쥐어 뿌리 부분과 잎을 서로 어긋나게 섞어서 반죽에 담갔다가 달군 팬에 펴놓고
   다진 해물을 그 사이사이에 눌러 넣는다.
5 그 위에 다독거리듯이 손으로 가루집을 더 바른다. 중불에서 지져낸다.

녹두빈대떡

재료

불린 녹두 2C(소금 1t), 돼지고기(간 것) 150g, 숙주 100g, 배추김치 100g, (쪽파 30g, 실고추 약간) (치자 물)

돼지고기 양념 소금 1/2t, 다진 마늘 1t, 다진 파 2t, 참기름 1t, 후춧가루 약간

만들기

1 불린 녹두는 껍질을 깨끗이 벗겨 믹서기에 녹두가 잠길 정도의 물을 넣고 간 다음 치자물을 섞어 색을 내고 소금으로 간을 한다. (조금만 물의 양이 많아도 매우 묽어진다.)

2 돼지고기는 양념에 버무려 둔다.

3 김치는 속을 털어내고 잘게 송송 썰어 꼭 짠다. 숙주는 거두절미하고 살짝만 데쳐 찬물에 헹구고 1.5cm 길이로 썰어서 꼭 짠다. 쪽파도 1.5cm 길이로 썬다.

4 녹두 간 것에 ②와 ③, 실고추를 넣고 섞어서 부친다.

＊ 돼지고기는 채 썰어 넣어도 좋다.

김치해물전

재료

김치 200g(속을 털어내고 국물을 짠 것), 오징어 1/2마리, 새우 5마리, 쪽파 10줄기, (풋고추와
홍고추 1개씩), 식용유 적당량
반죽 밀가루 300g(부침가루), 물 3C, 달걀 1개, 소금 약간

만들기

1 김치는 속을 털어내고 국물을 지그시 짠 다음 1cm 폭으로 썰고, 오징어는 5mm 두께로
   채 썬다. 새우는 잘게 다지고, 쪽파는 2cm 길이로 썬다.
2 풋고추와 홍고추는 송송 썰고 씻어 씨를 제거한다. 반죽 재료를 모두 섞은 다음 김치, 오징어,
   새우, 쪽파를 넣는다.
3 달군 팬에 식용유를 넉넉하게 두르고 ③의 반죽을 수북이 떠 넣고 편 후 풋고추와 홍고추를
   반죽 위에 얹어 양면을 노릇하게 지진다.

소고기프라이팬다타키

재료(4인분)

소고기(두께 2~3cm, 스테이크용) 300g, 소금 약간, 식용유 1t, 표고버섯 4개, 아스파라거스 4대

만들기

1 소고기는 소금을 뿌리고 식용유를 바른다.

2 프라이팬을 달구고 강불에서 양면을 1분씩 굽고, 측면도 1분씩 굽는다. 곧 얼음물을 끼얹고
   3분 식혀 종이 타월로 물기를 닦아낸다.

3 생표고버섯은 그냥, 말린 것은 불려서 등에 십자로 칼집을 넣어 모양을 내고, 간장 1.5T,
   청주 1T, 맛술 1.5T, 설탕 1/2T, 물 적당량을 섞어서 조린다.

4 아스파라거스는 손질하고 두 토막으로 잘라 올리브유에 살짝 볶아내 소금을 소량 뿌린다.

5 ②를 먹기 좋은 크기로 썰어 접시에 담고 ③과 ④를 곁들인다.

---

* 곁들이는 채소는 쪽파, 구운 대파, 무즙 등 그때그때 소고기에 어울리는 것으로 대체할 수 있다.
* 각 접시에 보기 좋게 담아 애피타이저로 서브하면 좋다.

항정살된장양념구이

재료(4인분)

돼지고기 항정살 400g, 마늘쫑 100g, 통마늘 10개, 식용유, 올리브유, 소금

돼지고기 밑간 양념 양파즙 3T, 생강즙 1/2t, 청주 1과 1/2T, 후춧가루

된장 양념 된장 1과 1/2T, 양파즙 2T, 생강즙 1t, 후춧가루, 꿀 1T, 참기름 2t

만들기

1 돼지고기는 결과 반대 방향 1cm 두께로 썰어 준비된 밑간 양념에 버무려 30분 정도 잰다.

2 냄비에 된장 양념 재료를 넣고 섞어서 살짝 끓인다.

3 팬에 밑간한 돼지고기를 올려 굽다가 거의 익으면 된장 양념을 발라가면서 굽는다. (처음부터 함께 구우면 양념만 타고 돼지고기는 잘 익지 않는다.)

4 마늘쫑은 5cm 길이로 썰어 식용유를 두른 팬에 살짝 볶아 소금을 뿌린다.

5 통마늘은 도톰하게 저며 올리브유를 두른 팬에 갈색빛이 날 때까지 굽고 소금을 뿌린다.

6 접시에 구운 돼지고기를 담고, ④와 ⑤를 보기 좋게 곁들인다.

---

* 곁들이는 계절에 따라 봄동, 영양부추, 풋마늘 등 여러 가지 채소를 선택해 이용할 수 있다.

   채소 무침 양념: 고춧가루 1/2t, 설탕 1t, 식초 1/2T, 다진 마늘 1/3t, 고운 소금 1/3~1/2t, 참기름 1t, 통깨 1/2t **만들기**: 채소를 먼저 1t 참기름으로 살짝 무친 다음 양념 재료를 넣고 가볍게 무친다.

≪ 항정살된장양념구이 ≫

   돼지고기 항정살은 맛뿐만 아니라 식감도 좋다. 식당에서는 숯불이나 가스 철판을 이용하지만 가정에서는 그릴이나 팬에 구워 소금과 후춧가루를 곁들여 먹는다. 돼지고기를 된장에 재었다가 구우면 된장이 돼지고기의 잡냄새를 없애고 구수한 맛은 살린다. 여기에 여러 가지 채소를 곁들이면 일품요리가 된다. 손님 접대 코스요리에 적용할 수도 있다.

잡채

재료(4〜6인분)

당면 100g, 쇠고기 50~100g, 목이버섯(불린 것) 40g, 표고버섯 50g, 오이 2/3개,

양파 1/2개(100g), 당근 50g, 식용유, 소금

양념장 간장 3t, 설탕 1t, 다진 마늘 1t, 참기름 1t, 후춧가루 약간, (배즙 약간)

무침 양념 간장 1T, 참기름 2T, 통깨 1t

만들기

1 쇠고기는 가늘게 채 썰고, 표고버섯(생것 또는 말린 버섯 불린 것)은 포를 떠서 채 썬다.
   목이버섯은 약간 굵게 채 썬다.

2 준비된 재료를 섞은 양념장을 쇠고기와 표고버섯에 각각 절반씩 넣고 무친다. 달군 팬에
   식용유를 약간 두르고 쇠고기를 볶다가 표고버섯과 목이버섯을 넣고 볶은 뒤 접시에 담아
   식힌다. (쇠고기 육수가 버섯에 배어 맛을 더한다.)

3 달군 팬에 식용유를 두르고 채 썬 양파, 오이, 당근을 각각 볶은 뒤 소금으로 간해서 넓은
   접시에 쏟아 식힌다. (오이는 돌려 깎기 한 껍질만 채 썬다.)

4 당면은 물에 담가 30분 불리고 체에 밭쳐 물기를 뺀 뒤 식용유를 약간 넣고 끓인 물에서 6분
   정도 끓인다. (안 불린 당면은 8분) 당면을 체에 밭친 뒤 식용유를 약간 넣고 무친다. (퍼지지
   않게 한다.)

5 팬에 식용유를 조금 두르고 당면이 반짝반짝 빛이 날 때까지 볶은 뒤 큰 그릇에 담고, 무침
   양념을 넣어 털어가면서 무친다. 이때 간을 맞추고 싱거우면 간장을 더한다. 여기에 다른 재료를
   모두 넣고 무친다.

양파. 고유한 맵고 아린 맛으로 한국인의
식문화에 깊숙이 자리잡고 있는 양파. 이
식재료는 갈색의 겉껍질만 벗기고 사용하는
게 좋다. 겉껍질을 다음에 나오는 투명한
빛깔의 속껍질에는 칼슘, 마그네슘 등
영양소가 풍부하기 때문이다. 특히 이 껍질은
양파 알맹이에 비해 폴리페놀이 20～30배,
케르세틴이 4배 가량 더 많다.

《 잡채 》

잡채는 한식을 대표하는 음식 가운데 하나라고 볼 수 있다. 불고기, 비빔밥과 함께 외국인에게 가장 인기가 있는 메뉴로 뽑히기도 한다. 원래 조선 시대 사대부 양반가에서 오방색을 적용한 반가(班家) 음식에서 유래했다.

여러 가지 식재가 어우러져 고급스럽고 색스러우며 영양을 골고루 갖춘 건강식이다. 대중적이 되면서 본래의 멋과 맛이 꽤 변질했다. 이를테면 쇠고기 대신 돼지고기를 쓴다든지, 다른 재료량과 적당히 어울려야 할 당면량이 턱없이 많아진 탓에 맛과 고유의 정갈함이 없어졌다.

옛 양반가처럼 찬모가 따로 없는 현대 식생활에서 제대로 조리하기는 어려운 음식임은 틀림이 없다. 그러나 음식의 요체를 터득만 하면 생각보다 간편하게 만들 수 있다. 가령 버섯은 맛이 좋은 표고버섯만 쓰고, 쇠고기와 함께 한꺼번에 상당량을 볶아 한 회분씩 포장해서 냉동 보관할 수 있다. 익는 시차를 이용해 당근, 양파, 오이를 순서대로 넣고 한꺼번에 볶아서 소금 양념해도 된다.

고추잡채

재료

돼지고기 등심 200g, 청피망 1개, 양파 1/2개, 셀러리 1/3대, 죽순 1쪽,

밑간 전분 1/2T, 간장 1/2t, 청주 1/2T, 달걀흰자 1/2개

양념 청주(2), 간장(1), 굴소스(0.5), 후춧가루 (약간), 고추기름 (1.5)

만들기

1 돼지고기는 0.5cm 두께로 채 썰어 밑간해 버무린다. (전분과 달걀흰자가 들어가면 고기가
   부드러워진다.)

2 피망은 반 갈라 씨를 제거한 뒤 얇게 채 썰고, 양파, 죽순, 셀러리도 채 썬다.

3 센 불로 달군 팬에 식용유 1.5T를 두르고 1를 10초 동안 볶는다. (고기는 계속 볶기 때문에
   처음엔 절반 정도만 익힌다.)

4 채 썬 양파를 넣어 10초간 볶은 뒤 청주(2)를 넣는다.

5 나머지 손질한 채소를 넣어 볶다가 간장(1), 굴소스(0.5), 후춧가루로 간을 한 뒤
   고추기름(1.5)를 두른다.

＊ 꽃빵을 곁들여 먹으면 좋다. 할인마트 냉동코너에 가면 쉽게 구입할 수 있다. 꽃빵은 찜기에서
   4~5분 찌거나 전자레인지에 3~4분 돌린다.

떡국(경상도식)

재료(2인분)

소고기(양지) 100g, 떡국 떡 450g, 육수(양지 육수와 멸치육수 반반씩) 800cc, 달걀, 김 가루, 소금 2t, 국간장 1t, 다진 마늘 1t, 대파, 후춧가루

만들기

1 소고기는 핏물을 빼고 끓는 물 550cc에 넣고 끓어오르면 중약불에서 1시간 끓인 뒤 고기는
   건져내고 육수는 기름을 걷어낸다. (대파 잎을 넣고 끓이면 좋다.) 멸치육수를 준비한다.
2 떡은 찬물에 미리 담가 놓는다.
3 고명으로 달걀지단을 부쳐 채 썰고, 생김을 살짝 구워 김 가루를 만들고, 삶은 소고기는
   4mm가량 두께로 썰어서 국간장·다진 마늘·후춧가루·참기름 소량씩으로 무쳐둔다.
4 양지 육수와 멸치 육수를 반반씩 섞은 육수에 소금, 국간장, 마늘을 넣고 끓으면 떡을 넣는다.
   끓기 시작하면 불을 낮추고 떡이 냄비 밑에 눌어붙지 않게 숟가락으로 가만히 저어 준 뒤 떡이
   떠오를 때까지 끓인다.
5 어슷썰기 한 대파를 넣고 한소끔 더 끓이면서 후춧가루를 넣는다. 싱거우면 국간장으로 간을
   맞춘다.
6 그릇에 담고 소고기, 달걀지단, 김가루를 보기 좋게 얹는다.

콩나물국(경상도식)

재료

소고기(등심, 양지, 삼겹 양지), 콩나물, 무, 대파, 고춧가루, 다진 마늘, 후춧가루, 참기름, 국간장, 소금

만들기

1 기름이 적당히 있는 삼겹 양지 국물이 제일 맛있다. 그러나 쓰다 남은 소고기도 좋다. 국솥에 참기름을 두르고 어느 정도 달궈지면 적당히 썬 소고기를 넣어 붉은 빛이 없어질 때까지 다글다글 볶는다.

2 물을 붓고 콩나물과 칼로 빚거나 적당히 썬 무를 넣는다. 물은 콩나물과 무를 넣었을 때 잘박할 정도의 분량이다.

3 ②에 고춧가루, 소금, 국간장을 넣고 센 불에서 끓으면 중약불에서 40분 정도 더 끓인다.

4 어섯 썬 대파, 다진 마늘, 후춧가루를 넣고 10분 더 끓이고 간이 싱거우면 국간장을 더 넣고 마무리한다.

---

* 처음 간을 할 때 소금 양은 많이 하고 국간장의 양은 적게 한다.
국간장을 너무 많이 넣으면 국의 색깔이 검어지고 시원한 맛도 줄어든다.

* 후춧가루와 고춧가루는 기호에 맞게 양을 조절한다. 소고기 국은 약간 얼큰해야 제격이다.

* 국은 다 끓이고도 아주 약한 불에서 조금 더 끓여 달이면 더 맛있다.

콩나물국(전라도식)

재료

콩나물 250g(한 봉지), 멸치 한 움큼, 통마늘 40g, 천일염(굵은 소금), 대파

만들기

1 멸치는 중강불에서 1분 볶고, 찌꺼기는 체에 걸러낸다. 물 1.5L에 멸치와 통마늘을 넣고 거품을 걷어내면서 5분 정도 끓인다.
2 건더기는 건져낸 다음 콩나물과 천일염을 넣고 뚜껑을 닫아 육수가 끓어오르면 간을 맞춘다. 1분 뒤에 대파를 넣는다. (싱거우면 소금으로 간을 맞춘다.)
3 강불에서 2분 정도 더 끓인다.

마늘. 단군신화에 등장하는 식품이다. 마늘을 쑥과 함께 먹고 곰이 사람으로 변신했다. 주로 양념에서 쓰이는 향신료이면서 동시에 채소이므로 향신채소(향신채)로 분류된다. 고유한 매운맛과 담백한 맛의 조화로써, 참기 힘든 냄새에도 불구하고, 세계인의 사랑을 받는 마늘. 그러나 한국인들의 마늘 사랑은 좀더 특별하다.

쇼유 타래(shoyu tare 일본식 간장 조미료)

쇼유 타래는 주재료가 간장인 일종의 '맛간장'으로 그 쓰임이 다양하다.
만들기도 비교적 간단하다. 한 번 만들어 3개월 정도 냉장고에 보관해 두고
집에서 일본식 요리를 즐기기에 유용한 양념장이다.

재료 2C(480ml)

혼미린(미린이 아닌)1/3C+1T, 유기농 설탕 3T, 색깔이 엷은 간장(일본제 생간장) 2C(480ml)

만들기

1 소스 팬에 혼미린과 설탕을 넣고 중불에서 설탕이 완전히 녹을 때까지 젓는다.
불을 낮추고 간장을 넣어 끓기 시작하기까지 약 3분간 둔다.
1분 정도 끓이고 불에서 내려 실온에서 식힌 뒤 용기에 담아 서늘하고
건조한 곳이나 냉장고에 보관한다.
2 가쓰오다시와 적당한 비율로 섞어 국수를 찍어 먹는 양념장, 국수 국물,
기름기 없는 샐러드 드레싱을 만들 수 있다.

[**국수 양념장**]   쇼유 타래 1 : 가쓰오다시 3

[**국수 국물**]   쇼유 타래 1 : 가쓰오다시 9

[**샐러드드레싱**]   쇼유 타래 1 : 가쓰오다시 4

쇼유타래양념닭구이

재료

뼈를 발린 닭다리살 또는 허벅지살 8개, 소금 1/2t, 생강즙 1T, 참기름 1T, 쇼유 타래 1/4 C(60ml)

만들기

1 닭살 부분에 5cm 정도의 간격으로 칼집을 넣는다.

2 닭고기 전체에 준비된 분량의 소금을 뿌린 뒤 생강즙과 참기름을 발라 문지른다.

3 오븐 맨 윗칸 포일을 깐 구이판에 닭고기 껍질이 밑으로 가게 펴 얹는다. 예열 후 180℃에서
   엷은 브라운이 되기까지 약 3분 동안 굽는다.

4 8~9분 동안 2분 간격으로 쇼유 타래를 발라가며 브라운이 될 때까지 굽는다.

5 뒤집어 껍질 부분도 ④와 같은 방법으로 바싹하게 브라운이 될 때까지 굽는다.

나박김치

재료

알배추 (또는 배추의 노란 고갱이) 500g, 무 500g, 절임용 천일염 50g, 배 500g, 마늘 30g,
미나리 20g, 쪽파 30g, 홍고추 2개, 국물용 감자(중치) 1개
국물 감자 삶은 물과 생수 합해서 2L, 고운 고춧가루 1T, 다진 마늘 1T, 다진 생강 1/2T, 소금 30g

만들기

1 알배추는 가로세로 3cm 크기의 정사각형으로 썬다. 천일염 40g을 뿌려 1시간 절인 다음
   흐르는 물에 헹구고 소쿠리에 건져 물기를 뺀다.

2 무는 가로세로 2cm, 3mm 두께로 썬다. 나머지 천일염 10g을 뿌려 30분간 절인 다음 헹구지
   말고 체에 건져 물기를 뺀다.

3 감자는 껍질을 벗겨 반으로 자르고 다시 5mm 두께로 저민다. 냄비에 물 1L를 붓고 감자를 넣어
   20분 정도 끓인다. 국물만 따라 생수와 합한다.

4 배는 껍질을 벗겨 씨를 뺀 다음 반은 강판에 갈아 즙을 만들고, 나머지 반은 무와 같은 크기로
   썬다. (번거로우면 다 즙으로 만든다.)

5 마늘은 편으로 썰고, 미나리와 쪽파는 2~3cm 길이로 썬다. 홍고추는 반으로 갈라 씨를 뺀
   다음 2cm 길이로 어슷썰기 한다.

6 국물 만들기 볼에 감자 물과 생수 합한 물을 부은 뒤 베보자기에 고운 고춧가루를 싸서 넣고
   조물조물 문질러 고춧물을 낸다. 여기에 ④의 배즙과 다진 마늘, 다진 생강, 소금을 넣고
   섞는다.

7 김치통에 배추, 무, 배, 마늘을 담고 ⑥의 국물을 체에 밭쳐 부은 다음 쪽파, 미나리, 홍고추를
   띄운다.

※ 찹쌀풀 대신 감자 삶은 물을 넣으면 국물이 더 시원하고 잘 쉬지 않는다.

《 나박김치 》

나박김치는 무를 얇고 네모지게 잘라 담그는 물김치다. 채소를 얇고 네모지게 써는 모양새를 뜻하는 '나박나박' 말에서 나왔다.

'유산균의 보고'라고도 일컫는다. 모든 김치에 풍부한 유산균은 시간이 갈수록 줄어든다. 반면 오래 두고 먹지 않는 나박김치는 국물에 유산균이 가득하다.

소화에도 도움이 되는 나박김치는 '술적심' 반찬으로 국 대용 음식이다. 다른 김치에 비하면 담그기도 비교적 간단하다.

갓. 김장 배추김치 속에 무채,
쪽파와 함께 뺄 수 없는 채소.
시원한 맛을 낸다.

봄음식

봄
음
식

봄맞이

봄기운이 감돌 때 만물은 약동하는데, 인체는 오히려 생리적으로 나른해진다. 이런 계절에 '어머니인 대지'는 그 치료약이자 맛난 음식이 되는 각종 식물(나물거리)과 새순(두릅, 죽순 등)을, 바다는 각종 어패류를 내놓는다. 춘곤증이 심한 나는 봄이면 약식동원(藥食同源)을 더 절감한다.

사람들은 봄이 짧다고 탄식해왔다. 기실, 봄은 절기(節氣)대로 입춘부터 시작해서 어느 때보다 많은 종류 먹거리를 내놓는다. 이를 즐기다 보면 봄은 오히려 길다.

봄엔 사람들이 '도다리쑥국'이 마치 봄의 대표 음식인 양 자주 들먹인다. 봄이 빨리 오는 남쪽 바다 섬들에서 제철 봄 도다리에 그때 자라는 어린 쑥을 곁들여 끓여 먹던 국에서 유래했다. 통영 같은 곳에서 그 비슷하게 끓인 국은 제철 특미로 손색이 없다. 더불어, 다양한 나물과 새순, 어패류 요리로 그만한 것이 많고 많다.

봄의 전령사는 뭐니 뭐니 해도 냉이·취·방풍·원추리·봄동·부지깽이·씀바귀·머위·두릅 등 나물거리다. 하루가 다르게 쏟아져 나오는 여럿 가운데 싱싱한 것을 고르기 위해서 나는 봄에 더 자주 재래시장을 들락거린다. 특히 두릅이나 죽순은 최고의 맛을 즐기는 기간이 짧아 적기를 놓치지 않으려면 더 분주해진다.

각종 나물은 나물거리를 데쳐서 그 특성이나 개인의 식성에 따라서 간장이나 된장, 또는 고추장이나 액젓 같은 장류(醬類)에 다진 마늘과 다진 파, 참기름이나 들기름을 넣고 무치거나 볶는다. 그냥 나물로 먹어도 좋지만 '봄나물비빔밥'은 특미요 보약이다.

나물 자체는 칼로리가 낮다 해도 밥과 어우르면 적당한 탄수화물에다 엄청난 비타민과 무기질, 섬유질을 함유한 비빔밥이 된다. 고명으로 약간의 소고기와 달걀을 곁들이면 완전 건강식이 된다.

이른 봄부터 나오는 꼬막은 삶아서 양념장을 뿌려 먹어도 맛있지만 부추나 미나리 등 날채소를 넣고 양념장으로 비비는 '꼬막비빔밥'은 별식이다. 제철 바지락은 찌개나 부침개 등 어디에 넣어도 맛있다. 다른 계절에도 쓰임이 많은 바지락은 최상품을 사서 손질해 냉동고에 저장한다.

살이 찌고 싱싱한 새조개를 살 수 있는 기간은 길지 않다. 노량진 수산시장에서나 어쩌다 얻어걸리면 약간만 데쳐서 간단한 초밥을 만들어도 좋지만, 미나리를 곁들여 끓이는 샤부샤부는 특미이고 별미다. 부드러운 살이 입 안에서 착 감기는 듯한 쫀득한 식감에 신선에서 느껴지는 약간 달짝지근한 새조개 특유의 맛까지 즐기는 봄은 호사스럽다.

냉이. 봄의 진령인 넁이. 아직
눈이 다 녹지 않은 둔덕에서
냉이와 달래를 캐던 기억을
소중히 간직한 사람들이 이제
얼마나 될까? 냉이는 우리 땅의
채소들이 다 그렇듯 영양가가
풍부한 식재료의 하나이지만,
영양가를 따지기 이전에
그 파릇한 잎의 기억, 그 향긋한
냄새의 기억만으로도 우리에게
행복을 주는 식물이다.

냉잇국

재료

냉이, 모시조개, 된장, 파, 다진 마늘, 멸치육수

만들기

1 냉이는 손질해서 끓는 물에 소금을 약간 넣고 살짝 데쳐낸다. 강한 맛을 완화시키기 위해서다.

2 멸치육수에 된장을 삼삼하게 푼다.

3 ②가 끓을 때 1과 모시조개를 넣고 다시 끓으면 다진 마늘과 파를 넣고 마무리한다.

풋마늘된장무침

재료

풋마늘

양념장 된장 1T, 고추장 1T, 참기름 2t, 깨소금 2t

만들기

1 풋마늘을 손질하여 4cm 길이로 썬다.

2 소금물에 데친 뒤 찬물에 헹군다. (시금치보다 조금 더 데친다.)

3 ②를 볼에 담고 양념장을 넣어 조물조물 무친다.

※ 마늘은 넣지 않는다.

개조개구이 ① (약간 간간한 양념구이)

재료

개조개

양념 된장, 고춧가루 약간, 다진 마늘, 다진 파, 참기름, 달걀흰자

만들기

1 칼이나 숟가락을 가운데 부분에 넣고 돌려 껍데기를 분리한 뒤 살만 발라낸다. 껍데기 두 쪽은 따로 둔다. 살은 개흙(뻘) 같은 이물질을 제거하고 씻은 뒤 체에 밭쳐 물기를 거둔다.

2 조갯살은 다진다.

3 양념장을 넣고 고루 버무려 껍데기 두 쪽에 나눠 담는다.

   (달걀흰자는 다진 조갯살과 양념을 엉기게 한다.)

4 오븐 그릴이나 전기 석쇠에서 겉면이 갈색으로 꾸덕꾸덕할 때까지 굽는다.

---

* 밥반찬으로 좋다.

개조개. 조개류는 모래 속에서 숨쉬며 산다는 특징 때문에 요리를 할 때 해감이 매우 중요하다. 흐르는 물에 여러 번 씻어낸 뒤 1~2% 염도의 소금물에 담가 어둡게 해주면 해감이 되고, 소금물을 갈아주면 뻘이 잘 빠진다.

개조개구이② (간이 삼삼한 양념구이)

재료

개조개, 양파, 풋고추와 홍고추 또는 피망

양념 된장, 고춧가루 약간, 다진 마늘, 다진 파, 참기름, 달걀흰자, 술(청주) 약간

만들기

1 손질은 개조개구이①과 같다.

2 조갯살은 대충 사방 1cm정도 네모로 썬다. 양파, 풋고추와 홍고추도 조갯살과 같이 썬다.

3 양념장을 넣고 골고루 버무려 껍데기 두 쪽에 나눠 담는다.

4 개조개구이① 보다는 약간 덜 굽는다.

※ 술안주나 밥반찬으로 좋다.

※ 가늘게 썬 달걀 노른자 지단과 실고추를 위에 얹으면 색스럽다.

꼬막비빔밥, 꼬막무침

재료

꼬막, 소금, 참기름(비빔밥용)

양념장(비율) 간장 2T, 고춧가루 1T, 생강즙 1T, 꿀 1/2T (또는 올리고당1T, 매실 엑기스 1T),
다진 마늘 1T, 맛술 1T, 참기름 1T, 깨소금

비빔밥 나물 미나리(필수) 그 밖에 생부추, 호박나물, 달래장(필수)

무침 채소 미나리, 부추, 쪽파, (배)

만들기

1 꼬막에 굵은 소금을 적당히 넣고 박박 문지른 뒤 두세 번 물로 헹군다.
2 **해감**: 소금물(물 1리터에 소금 1T 비율)에 꼬막을 넣고 검은 비닐봉지를 씌우고 충분히
  해감한다.(30분~3시간)
3 냄비에 물을 붓고(소금 약간 넣는다.) 끓기 전 기포가 생길 때 꼬막을 넣고 한 쪽 방향으로
  젓는다. 한두 개 입을 벌리면 불을 끄고 잔열에 잠시 두었다가 체에 밭쳐 식힌다. 꼬막 밑부분을
  숟가락으로 비틀어 내용물을 까낸다.
4 깐 꼬막을 물로 살짝 헹구어 혹시 남았을 흙을 제거하고 살짝만 짠다.
5 **꼬막무침**: ④를 볼에 담고 채소와 양념장을 넣어 무친다.
6 **꼬막 비빔밥**: 비빔밥 볼에 고슬고슬하게
  지은 밥을 담고 참기름을 적당량 두른 뒤 그
  위에 꼬막무침과 비빔밥 나물을 보기 좋게
  담는다. 달래장을 곁들여 비벼 먹는다.

* 달래장: '굴밥' 참조

꼬막. 꼬막은 참꼬막과 새꼬막, 피꼬막(피조개)으로
분류한다. 우리나라 서해안과 남해안 일대에 많이
분포하며 갯벌에서 서식한다.

새조개전골(샤부샤부)

재료

새조개, 무, 속배추, 미나리(많은 양), 대파, 양파 1/2개, 멸치육수

양념장 간장 3T, 생수 1T, 유자청 소량, (잘게 썬 쪽파)

만들기

1 멸치육수를 낸다. 적당한 양의 물에 손바닥 크기 다시마와 멸치 한 움큼을 넣고 끓이다가 10분 뒤 다시마를 건져내고 10분 더 끓인다. 멸치육수에 국간장 1T, 소금 적당량, 청주 2T, 다진 마늘을 넣고 간을 맞춘다. (멸치는 비린내 제거를 위해 팬에서 볶아 바싹 건조시킨다.)

2 새조개는 세로로 칼집을 내 개흙(뻘)등 이물질을 제거하고 가볍게 씻은 뒤 체에 밭쳐서 물기를 뺀다.

3 양파는 굵게 채 썰고, 무는 가로 3cm 세로 9cm 두께 2mm, 배추는 무 크기와 비슷하게, 대파는 크게 어슷썰기, 미나리는 9cm 길이로 썰어 놓는다.

4 전골냄비에 ①의 국물을 잡고 무, 양파, 대파를 넣고 끓여서 맛이 어느 정도 나면 속배추를 넣고 다시 끓으면 새조개와 미나리를 동시에 넣어 얼른 건져 양념장에 찍어 먹는다.

＊ 무와 대파, 양파를 넣고 한소끔 끓이고 난 뒤 전골냄비를 식탁으로 옮겨 나머지는 인덕션을 이용하는 게 좋다.

＊ 새조개는 많이 끓이면 질겨지므로 조금씩 넣고 약간만 익힌다.

＊ 미나리와 새조개는 둘 다 봄이 제철이라 많은 양을 함께 먹을 수 있다.

두릅전

재료

두릅, 부침가루, 식용유

만들기

1 데친 두릅을 적당히 쪼개고 길이도 대강 맞춘 뒤 소금, 참기름으로 무쳐둔다.

2 부침가루를 물에 걸쭉하게 잘 푼다.

3 ①을 부침가루에 굴려서 털어내고, 원하는 전의 크기로 가지런하게 펴고 ②의 부침가루 물을 앞뒤로 얇게 발라서 팬에 지진다.

두릅더덕산적

재료(4인분)

두릅 12개, 더덕 30g짜리 3뿌리, 밀가루 3T, 달걀 2개, 식용유

두릅 양념 소금 1/4t, 참기름 1t **더덕 양념** 간장 2t, 설탕 2/3t, 참기름 1t

만들기

1 두릅은 끓는 물에 소금을 약간 넣고 살짝 데쳐 찬물에 헹군 뒤 물기를 짠다. 준비된 분량의 양념을 넣고 무친다. 더덕은 씻어서 나선형으로 돌려가며 껍질을 벗긴다. 적당한 두께의 길이로 썰어 방망이로 자근자근 두드린 뒤 분량의 양념을 골고루 바른다.

2 꼬치에 두릅과 더덕을 번갈아서 꿴다. 꿰는 수는 용도에 따라 조절한다.

3 ②를 밀가루와 달걀 물을 차례로 입혀 식용유를 두른 팬에 지진다.

두릅숙회

재료

두릅, 초고추장, 토마토(생략 가능)

만들기

1 두릅을 손질해서 소금물(물에 소금 1/2작은술)에 데친 뒤 재빨리 찬물에 씻어 물기를 제거한다. 시금치보다 약간 더 데친다.

2 토마토는 적당한 두께로 썬다.

3 ①과 ②를 접시에 색스럽게 담고 초고추장을 곁들인다.

---

* 두릅 밑동에 붙은 겉잎을 떼내 같이 데친다. 별다른 식감이 있다.

두릅.
초고추장만으로도
두릅은 맛있는
음식이 된다. 데친
두릅을 적당한
두께로 썬 토마토를
곁들여 접시에 담아
보자. 또 하나의 보기
좋은 봄음식으로
태어난다.

미더덕찜

재료

미더덕, 소고기(사태), 미나리, 찜용 굵은 콩나물, 쪽파, 방아잎, 찹쌀가루+녹말가루,
찜양념장(p.321) 참고

만들기

1 미더덕은 손질해서 데쳐 놓는다. (미더덕에서 나오는 국물은 그대로 둔다.) 손질해서 물을 붓지
   않고 한소끔 끓이기만 한다.

2 미더덕 양의 1/2에 해당하는 소고기(사태)는 가로 세로 2cm 두께 3mm로 썰어 참기름에
   볶다가 마늘, 간장, 후춧가루로 간을 해서 익힌 다음 물 한 C을 붓고 약불에서 소고기가
   부드럽게 익을 때까지 20분 정도 더 끓인다.

3 미나리와 쪽파는 4~5cm 길이로, 방아잎은 1cm 폭으로 채 썬다. 콩나물은 소금을 소량 넣고
   살짝 데친다. (②와 ③에서 생긴 물을 그대로 둔다.)

4 솥에 ①과 ②, 국물을 넣고 그 위에 미나리, 쪽파, 데친 콩나물을 얹고 두껑을 덮어서 미나리와
   쪽파가 데쳐질 때까지만 끓인다.

5 ④에 적당한 양의 찜 양념장을 넣고 어우러지게 섞으면서 끓인다.

6 ⑤가 끓기 시작하면 가장자리로 약간 밀쳐 움푹하게 된 가운데에 찹쌀가루(3)+녹말가루(1)+
   물 120ml 섞은 물을 붓고, 끓기 시작하면 재빨리 저어 섞으면서 익힌 뒤 방아잎을 넣고
   휘젓고는 간을 맞춘다. 불을 끄고 참기름으로 맛을 낸다. 부족한 간은 멸치(참치)액젓으로
   맞춘다.

---

* 방아잎은 미더덕찜에는 필수 식재다. 요즘에는 큰 슈퍼마켓에서 판매한다.
* 미더덕은 손질하고 데쳐 냉동보관해도 맛과 식감이 그대로다.
* 늦봄부터 여름까지 제철인 방아잎은 반건조시켜 냉동보관했다가 쓰기도 한다.

차돌박이숙주볶음

재료

차돌박이 150g, 숙주 1봉지(180g), 양파 1/3개, 당근 30g, 대파 1/2대, 굴소스 2T, 전분가루 1T, 소금, 후춧가루, 다진 마늘

만들기

1 **밑간:** 차돌박이에 소금 3~4꼬집, 다진 마늘 1T, 후춧가루를 넣고 조물조물 무쳐 둔다.

2 **전분물:** 전분가루 1T과 물 3T

3 숙주는 두세 차례 씻어서 체에 밭쳐 놓고, 당근은 얇게 채 썰고, 양파는 보통 채 썰기, 대파는 어슷 썬다.

4 밑간한 고기를 달구어진 팬에 넣고 중간 불에서 젓가락으로 살살 뒤적이면서 익힌다.

5 고기가 반쯤 익었을 때 양파와 당근을 넣고 눈으로 아삭하게 익었구나 싶을 때까지만 볶는다. (소금을 한 꼬집 넣고)

6 숙주를 넣고 숨이 죽기 전까지만 빠르게 볶는다. (차돌박이는 오랫동안 볶으면 질겨질 수 있으니 채소들을 살짝만 볶는다.)

7 굴소스를 넣고 뒤적이면서 재빨리 간을 한다.

8 전분 물을 넣고 센 불에서 뒤적인다.

9 불을 끄고 대파를 넣어 뒤적인다.

차돌박이구이와 달래무침

재료(4인분)
차돌박이 300g 달래 80g
차돌박이 양념 간장 1과 1/2T, 설탕 1/2T, 배즙 2T, 마늘즙 1/2T, (파인애플즙 1/2T), 후춧가루, 참기름 1/2T
달래무침 양념 참기름 1t, 설탕 1t, 식초 2t, 고운 소금 1/3t

만들기

1 달래는 알뿌리의 껍질을 벗기고 깨끗이 씻어 물기를 뺀 뒤 3cm 길이로 썬다.

2 볼에 준비된 분량의 차돌박이 양념 재료를 넣고 섞는다.

3 차돌박이를 접시에 쭉 펴고 양념장을 끼얹는다. 달군 팬에 양념한 차돌박이를 몇 번 나누어 넣고 바로 뒤집어서 한 장씩 떼어내며 굽는다. 중간에 종이 타월로 팬을 닦아내야 깔끔하게 구울 수 있다.

4 달래에 참기름을 넣고 버무린 다음, 나머지 양념장을 넣고 무친다.

5 접시에 구운 차돌박이를 담고, 달래무침을 곁들인다.

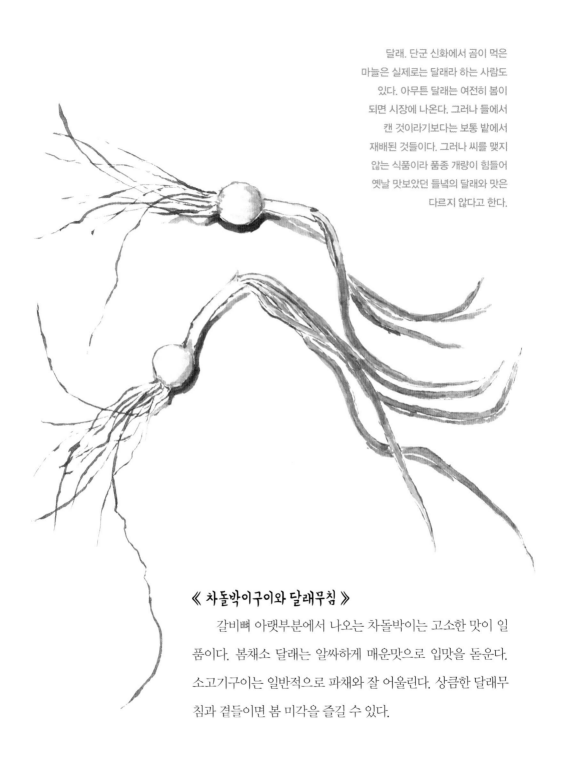

달래. 단군 신화에서 곰이 먹은
마늘은 실제로는 달래라 하는 사람도
있다. 아무튼 달래는 여전히 봄이
되면 시장에 나온다. 그러나 들에서
캔 것이라기보다는 보통 밭에서
재배된 것들이다. 그러나 씨를 맺지
않는 식품이라 품종 개량이 힘들어
옛날 맛보았던 들녘의 달래와 맛은
다르지 않다고 한다.

《 차돌박이구이와 달래무침 》

　　갈비뼈 아랫부분에서 나오는 차돌박이는 고소한 맛이 일
품이다. 봄채소 달래는 알싸하게 매운맛으로 입맛을 돋운다.
소고기구이는 일반적으로 파채와 잘 어울린다. 상큼한 달래무
침과 곁들이면 봄 미각을 즐길 수 있다.

≪ 병어요리 ≫

산란을 앞둔 6월 제철 병어는 보양식의 왕자인 민어 다음으로 치는 여름 별미다. 다른 생선들에 비하면 냉동보관해도 맛이 크게 변하지 않아 한꺼번에 넉넉하게 사서 여름 이후까지 즐길 수 있다. 병어는 대체로 조림으로 많이 먹지만 제철 병어회는 별미 중 별미다.

흰 살 생선인 병어는 살이 부드럽고, 고소하면서도 달짝지근해 와사비(고추냉이) 간장이나 초장보다 된장 양념에 찍는 게 맛있다. 부드러운 살과 양념이 어우러진 양념구이 맛과 식감은 다른 생선에서는 기대할 수 없는 특미다. 일반적으로 병어는 살이 두껍지 않아 저냐로는 조리하지 않아도 내 식성으로는 저냐 또한 특미다.

제법 큰 병어를 등 쪽에서 포 떤 살로 저냐를 붙이고 나머지로 조림을 한다. 생선조림은 보통은 무를 깔거나 여름은 고구마 줄기, 다른 계절은 시래기를 깔고 그 위에 생선을 얹고 양념장과 물을 끼얹어 조린다. 견주어 병어조림은 감자를 깔고 조리는 게 제격이다. 제철 감자의 포근포근한 식감과 병어 맛이 어우러지는 일품 생선조림이다.

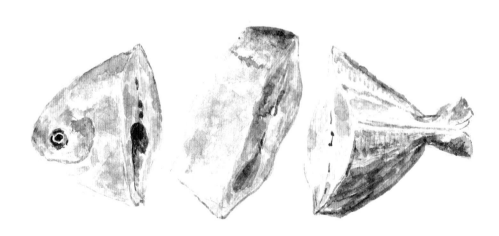

병어. 맛이 담백하고 고소하며 겉보기보다 살도 많아 제사상에도 잘 오르는 생선이다.
다만 신선도가 조금이라도 떨어지면 비린내가 심하다.
비린내가 걱정되면 뱃살을 먼저 제거하는 것이 좋다.

병어조림

재료

병어 1마리(250g), 감자(중치) 1개

양념장 찌개고추장 2T(또는 고추장 2T+된장 1/2T), 고춧가루 2/3T, 간장 2T, 맛술 2T, 설탕 1/2T, 다진 마늘 1T, 참기름 1T

만들기

1 손질한 병어는 2~3토막 낸다.

2 양념장을 섞는다. (미리 만들어 냉장고에서 숙성시켜도 좋다. 한 달 정도 저장할 수 있다.)

3 냄비에 두툼하게 썬 감자를 깔고 그 위에 ①을 얹은 뒤 양념장을 고루 떠넣는다.

4 ③에 물을 잘박하게 붓고(1.5~2C 정도) 중불에서 끓으면 중약불로 낮추고 중간에 국물을 끼얹어가면서 25~30분 조린다.

＊ 갈치조림도 같은 방법으로 조리할 수 있다.

병어회

재료

병어 횟감, 된장양념, 오이, 풋고추 등 채소

만들기

1 전어와 맛이 전혀 다르지만 손질과 조리법은 거의 같다. 포를 떠서 일반 회처럼 썰거나 전어와
   같이 뼈째로 썬다.
2 된장양념이 제격이다. (상품 쌈장을 쓸 수 있다.)
3 오이나 풋고추 등 된장양념에 찍어 먹을 수 있는 채소를 곁들인다.

---

* 서덜이는 두었다가 조림에 보탤 수 있다.
* 남은 회는 무쳐서 먹을 수 있다. (전어양념무침 p.198 참조)

병어저냐

재료

병어, 소금, 부침가루, 달걀

만들기

1 '대구저냐(겨울)', '민어저냐(여름)' 참조. 병어를 손질해 살만 발라서 저냐거리로 포를 뜬다.
2 한 면에만 소금을 약간만 뿌린다. 두 시간 정도 두면 약간 꾸덕꾸덕해진다.
3 부침가루를 입히고, 달걀 푼 물에 담갔다가 지져 낸다.

병어양념구이

재료

병어, 소금

양념장 고추장 1T, 간장 1t, 다진 마늘 1t, 다진 파 2t, 참기름 1/2T, 설탕 1/3T

만들기

1 병어는 손바닥만 한 크기가 적당하다. 손질해 연하게 소금으로 간을 하고(고운 소금을 뿌리면 30분 뒤에는 쓸 수 있다.) 한 쪽만 깊게 어섯칼집을 낸다.

2 전기 석쇠를 5분 예열 뒤 칼집 넣은 부분이 위로 가게 해 9분 정도만 굽는다.

3 칼집 넣은 부분에만 얼른 양념을 발라 타지 않게 2분 정도만 더 굽는다.

＊ 오븐그릴에 구어도 된다.

＊ 병어저냐 조리법은 민어저냐(여름), 대구저냐(겨울)와 같다.

바시락탕

재료

바지락(백합), 무, 청량고추(붉은색) 소량, 대파, 소금, 다진 마늘

만들기

1 **바지락 해감**: 박박 문질러 씻은 바지락에 물 1L에다 1T 수북하게 푼 소금물을 잘박하게 붓고
   검은 비닐봉지를 씌운다. 2~5시간 충분히 해감시킨 뒤 다시 깨끗이 씻는다. (껍질에서도
   육수가 난다.)

2 냄비에 물을 잡아 나박나박 썬 무를 넣고 끓으면 바지락을 넣는다.

3 ②가 끓으면 다진 마늘, 다진 파, 다진 홍고추, 소금을 넣고 2분 더 끓인다.

---

* 백합은 해감하지 않아도 된다.

털게. 찜요리가
일반적인데 싱싱한
털게는 그냥 찌기만
해도 일품이다.

바지락. 칼국수, 찌개, 짬뽕, 파스타, 무침, 전 같은 음식들을 통해 한국 사람들이 가장 많이 소비하는 조개. 해감이 된 바지락을 냄비에 수북이 담고 물을 충분히 넣고 끓여내기만 해도 훌륭한 먹을거리가 된다.

《 바지락 》

　　바지락은 육수가 맛있으면서 가격은 비싸지 않아 마음 놓고 쓸 수 있는 식재다. 바지락 제철은 산란기 전인 3월부터 5월까지다. 껍질째 쓸 때는 해감이 문제다. 인터넷에는 여러 가지 해감 방법이 소개되어 있다. 간추리자면,

1 박박 문질러 껍질을 깨끗이 씻는다. (껍질에서도 육수가 난다.)

2 용기에 체를 깔고 바지락을 담는다. 물 1L에 천일염 한 입숟가락 비율로 푼 소금물을 잘 박하게 붓고 검은 비닐을 씌운다. (체를 쓰면 뻘을 뱉고 다시 머금는 것을 막을 수 있다. 2~5시간 충분히 둔다.)

3 해감한 바지락을 한 번 더 씻는다.

　　껍질을 깐 바지락은 물에 살랑살랑 씻으면 거의 완벽하게 해감이 된다. 가볍게 한 번 더 헹구고 체 받친다. 물기가 조금 남은 상태로 비닐 지퍼백에 납작하게 깔아 냉동 보관하면 다음 철까지 요긴하게 쓸 수 있다. 바지락칼국수, 바지락파스타 같은 음식은 물론이고 된장찌개, 부추전, 파전, 특히 순두부찌개는 바지락을 넣고 않고에 따라 맛이 크게 차이가 난다.

멍게비빔밥① (통영식)

재료(4인분)

밥 4공기, 마른 해초 15g, 오이 50g, 달걀 2개, 생김가루(생김 1장), 참기름, 깨소금, (다진 홍고추)

멍게양념 멍게, 멸치액젓 또는 까나리액젓, 다진 마늘, 다진 쪽파, 깨소금

만들기

1 **양념멍게**: 손질해서 물기를 뺀 멍게(약 170g)를 사방 1cm 크기로 잘게 썰어 볼에 담는다. 멸치액젓 2t, 다진 마늘 1/2T, 다진 쪽파(또는 대파) 1T, 깨소금을 넣고 잘 섞는다.

2 말린 해초는 불려서 적당한 크기로 썬다.

3 오이는 채 썰어 찬물에 헹군 뒤 물기를 없앤다.

4 달걀은 지단을 부쳐 가늘게 채 썬다.

5 고슬고슬하게 지은 밥을 그릇에 담고 깨소금과 참기름을 두른 뒤 김, 지단, 오이, 해초, 양념멍게를 넣고 오방색을 맞추어 담는다. (다진 홍고추를 고명으로 얹어도 좋다.)

---

* 달래나 쪽파는 많이, 간장은 조금 넣고 만든 달래장이나 파장을 곁들이면 좋다.

* 해초는 가시리를 주로 사용하는데, 다른 해초로 대용할 수 있다. 취향에 따라 냉장고에 있는 채소나 다른 종류 해초를 사용하면 된다.

* 김은 조미 김보다 살짝 구운 생김이 좋다.

* 무친 양념멍게는 숙성할수록 맛이 좋은데, 일주일 정도까지 냉장 보관해 밑반찬으로 먹어도 좋다.

멍게비빔밥②

재료(4인분)

멍게 150g, 소금 2/3작은술, 무순 60g, 김가루, 참기름

만들기

1 멍게를 칼로 잘라서 발라낸 속살을 두 쪽으로 자른 다음 내장 옆에 있는 뻘을 제거하고 씻는다.
   소쿠리에 받쳐서 최소 30분 이상 물기를 뺀다. 멍게살150g당 소금 2/3작은술로 섞어 냉장보관.
   5일 지나면 멍게젓이 된다.

2 밥을 고슬고슬하게 지어 비빔밥처럼 큰 볼에 담고 위에 참기름을 적당히 두른 뒤 잘게 썬 멍게젓
   적당량, 무순, 김 가루를 색스럽게 얹는다.

※ 이때 제 철 채소인 봄동이나 냉이에 모시조개를 넣고 끓인 된장국을 곁들여 먹으면 제격이다.

※ 멍게 자체가 간간하므로 소금은 평소 습관보다 적게 쓴다.

멍게비빔밥. '멍게'는 원래 '우렁쉥이'의
경상도 사투리이다. 그러나 사람들이
'멍게'라는 말을 널리 쓰다 보니 '멍게'
또한 표준말로 격상되었다. 특히 '우렁쉥이
비빔밥'이라는 말은 예전에도 쓰이지
않았다.

해물뚝배기. 고려시대
때부터 쓰이기 시작했다는
옹기그릇을 가리키는 말인
뚝배기. 그러나 어느덧
한국인들에게 각종 찌개류의
대명사로 자리 잡았다.
수많은 찌개 중 해물뚝배기는
삼면이 바다인 한국에서
곳곳의 지역 따라, 또 계절에
따라 만드는 재료가 다르다.
꼭 전복이 들어갈 이유가 없고
새우가 빠져도 좋다. 다만 무슨
조개가 되었든 조개가 빠지는
경우는 상상하기 어렵다.

멍게

해물뚝배기

재료

전복, 새우, 꽃게, 홍합(바지락, 가리비조개), 낙지(오징어, 주꾸미), 된장, 고춧가루,
찌개 고추장(고추장), 멸치육수, 다진 마늘, 대파, 팽이버섯

만들기

1 해물은 손질해 씻고 적당한 크기로 자른다. 조개류는 씻기만 한다. 전복은 살이 겉딱지에 조금
    붙게 숟가락으로 도려내고 내장만 잘라낸다.
2 뚝배기에 된장 2T에 고춧가루 2t 비율에다 멸치육수를 넣고 푼다. (찌개 고추장 2T, 된장 1T,
    고춧가루 1t)
3 끓으면 다진 마늘 1T를 넣은 다음 조개류-꽃게-새우-전복-낙지 순서대로 넣고 익히면서
    어슷썰기 한 대파를 넣고 간을 본다. 싱거우면 소금으로 간을 맞춘다.
4 불을 끄기 전에 팽이버섯을 넣고 잠시 익힌다.

※ 전복은 씨알이 작은 것이 다른 해물과 잘 어울린다.
※ 낙지, 오징어, 주꾸미는 오래 끓이면 질겨지므로 맨 나중에 넣는다.
※ 봄에는 바지락, 겨울에는 홍합을 기본으로 넣으면 좋다.

마새우전

재료

마(껍질 벗긴 것) 60g, 새우살 100g, 달래(미나리) 20g, 부침가루(또는 밀가루) 15g, 식용유
새우 양념 청주 1T, 국간장 1t, 참기름 1/2t, 설탕 1/2t

만들기

1 마는 껍질을 벗기고 채 썰어 5mm 길이로 송송 썬다.

2 새우는 껍데기를 벗기고 옅은 소금물에 씻어서 물기를 닦아내고, 길이로 반 갈라 내장을 뺀
   다음 굵게 다진다. 여기에 양념을 모두 넣고 섞는다.

3 달래는 다듬어 씻어서 1cm 길이로 썬다.

4 볼에 ①, ②, ③을 모두 담고, 부침가루 1~2T를 넣어 적당히 되직하게 고루 섞는다.

5 팬에 식용유를 두르고 반죽을 4등분해서 도톰하게 얹은 뒤 앞뒤로 노릇하게 지진다.
   고추장아찌를 곁들이면 더욱 맛있다.

마올리브유구이

재료

마, 올리브유, 소금

만들기

1   생마 껍질을 벗기고 적당한 두께로 썰어 팬에 올리브유를 두르고 앞뒤 노릇노릇하게 굽는다.
2   소금을 적당히 뿌리고 마무리한다.

※ 마는 산약이라고 부르는 한약재이자 영양과 식감이 뛰어난 뿌리 식재이다. 아이들 간식으로
   좋고 어른 술안주로도 좋다.

마·마늘쫑볶음

재료

마, 마늘쫑, 소금, 올리브유, 간장

만들기

1 마는 7mm 두께로 썰어서 소금을 약간 뿌린 뒤 올리브유를 적당량 넣어 잠시 잰다.

2 마늘쫑은 5~6cm 길이로 썬다.

3 팬을 달구고 중불에서 1을 넣어 한 면만 노릇하게 굽는다. 너무 익으면 식감이 떨어진다.

4 ②를 넣고 마늘쫑이 살짝 데쳐질 때까지만 볶다가 간장 1T를 넣고 간이 어우러지게 잠시
　 더 볶고 끝낸다. (싱거우면 소금으로 간을 맞춘다.)

---

* 마는 사각사각한 식감을, 마늘쫑은 쫄깃한 식감을 살리도록 조리한다.

마. 허약한 몸을 보하고 병도 치료하는 식약 겸용
식품이다. 산속의 장어라고도 불린다. 약재로 치자면
갑상선계와 소화기계를 비롯한 각종 질환에 유용하다고
알려져 있다. 일반적으로는 땅속 깊이 박혀서 자라는
덩이뿌리를 쪄서 먹거나 날로 갈아서 생식하는 문화가
자리잡고 있다. 근래 마의 독특한 맛과 효능을
살리는 새로운 레시피들이
많이 등장하고 있다

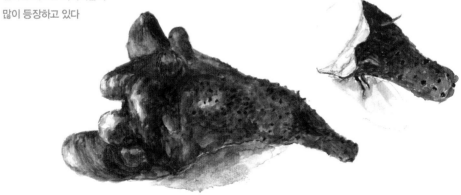

《마》

　　마는 식재이기 이전에 한방에서 산약(山藥)이라 부르는 한약재이기도 하다. 산약만큼이나 식생활에도 유용하게 쓰는 한약재로 오미자(五味子)도 있다. 신맛 매운맛 짠맛 등 다섯 가지 맛을 함유해 붙여진 이름이다. 찬 성질이면서 수렴작용이 있어 주로 땀을 식혀주는 여름 음료로 쓰인다.

　　대학원에서 생약학을 전공한 사람으로서 한방 원리를 가장 간단하게 표현하자면 "무슨 병이든 몸이 너무 냉하면 데워주고, 많은 열은 식혀줌으로써 신체를 조화롭게 만들면 병은 저절로 낫는다"는 이치다. 산약은 차지도 않고 뜨겁지도 않은 평성(平性)으로 보약에 많이 쓰인다. 그래서인지 마라면 몸에 좋다는 인식이 일반적이다.

　　마는 약 효능뿐만 아니라 식감과 담백한 맛 자체로 훌륭한 식재다. 값이 비쌌던 예전엔 가정에서 건강식으로 강판에 갈아서 어른 밥상에 올리거나 일식당에서 메밀국수에 보태서 고급음식으로 서브하곤 했다.

　　마는 토종인 참마와 개량종인 장마 두 종류가 있다. 가을에 채취한 마는 저장성이 좋아 사철 판매된다. 둘 다 같은 맛인데 참마는 조직이 치밀해 차진 대신, 장마는 성겨서 약간 무른 편이다. 조리하는 방식에 따라 선택해야 하지만 굴곡이 있어 껍질 벗기기가 어려운 참마보다는 필러로 쉽게 다룰 수 있는 장마를 선호하는 편이다. 그러나 장마는 성질상 날씨가 더워지면 쉽게 상하는 점을 염두에 두어야 한다.

봄나물

재료

취, 방풍, 원추리, 봄동, 부지깽이, 머위, 냉이, 씀바귀, 미나리(돌미나리), 두릅

초고추장 양념 고추장 2T, 설탕 2/3t, 다진 마늘 1t, 다진 파 2t, 식초 1T, 참기름 1/2T, 통깨 1/2T

된장 양념 된장 1.5~2T, 다진 마늘 1t, 다진 파 2t, 참기름 (또는 들기름) 1/2T, 통깨 1/2T

국간장 양념 국간장 2T, 다진 마늘 1t, 다진 파 2t, 참기름(또는 들기름) 1/2T, 통깨 1/2T

만들기

1 **데치기:** 냄비에 물을 넉넉히 잡고 끓으면 약간의 소금을 먼저 넣은 다음 손질한 채소를 넣고
   데친다. 바로 건져 찬물에 두어 번 정도 헹군다. (머위는 바로 데치고 헹군 다음 다듬어야
   손실이 적다.) 봄동과 부지깽이는 시금치와 같이 데침물 가장자리가 끓기 시작하면 바로
   건져낸다. 머위, 씀바귀, 냉이, 두릅은 1~2분 정도 끓여 조금 말캉하게 데친다. 미나리는 끓는
   물에 뿌리 쪽부터 넣고 전체를 다 넣자마자 바로 건져낸다. 돌미나리는 약간만 더 데친다.
   (데치는 냄비 옆에 물사발을 놓고 데친 채소 한 가닥을 담가 먹어봐서 가늠하면 좋다.)

2 **초고추장 양념:** 방풍나물, 원추리나물, 씀바귀나물, 냉이나물, 돌미나리나물 등
   된장 양념: 머위나물, (냉이나물)
   간장 양념: 취나물, 부지깽이나물, 미나리나물, 두릅나물, 봄동나물

3 데친 채소에 적당한 양념을 넣고, 양념이 배어들도록 조물조물 무친다. 식성에 따라 양념
   종류는 선택할 수 있다.

《 봄나물 》

　　봄나물은 겨우내 얼었던 땅에서 봄기운을 받아 자란 여러 가지 채소로 만든 나물의 통칭이다. 이를 두고 '보약이 따로 없다.' 말한다. 지기(地氣)와 비타민을 포함해 여러 영양소가 풍부한 봄나물에 걸맞은 어법이다.

　　봄나물은 예전부터 '춘곤증'(봄에 입맛 없고 나른하게 기운을 못 차리는 증상)에 특효약으로 알려졌다. 어느 외국인이 '한국 나물은 맛과 영양이 놀라운 음식'이라며 그 가치를 높이 쳐주었다는 말도 들었다. 날채소 샐러드에 비하면 데친 나물이 양과 영양이 훨씬 많고 각 채소 고유의 맛을 즐길 수 있다는 점에 대한 평가일 것이다.

　　나물은 면역력 강화에 도움이 되는 성분도 잔뜩 들었다고 한다. 이렇게 훌륭한 나물이 점점 우리 식생활에서 푸대접받고 있는 현상은 안타깝다. 까닭은 손질과 조리하기가 번거롭기 때문이다. 원래 나물을 좋아하던 나는 중병을 극복하는 과정에서 나물의 진가를 터득한 셈이다. 이로운 점에 비하면 번거로움은 댈 게 아니다. 여러 나물을 손수 만들다 보면 나물마다 다른 손질과 데침은 생각보다 어렵지 않다. 데쳐서 무치거나 볶거나 구워 먹는 조리법은 알고 나면 의외로 간단하다. 나물마다 다르기는 해도 데침물에 천일염을 소량 넣고 팔팔 끓을 때 나물거리를 1~2분 데친 뒤엔 찬물에 담가 30초 정도 식힌다. 빨리 열을 식혀야 식감과 풍미가 살아난다.

　　마늘과 파는 소량 쓴다. 강한 맛과 향이 나물 고유의 풍미를 가린다. 나물 자체의 맛에 따라 간장이나 된장, 고추장, 액젓 등 어울리는 장류를 선택한다. 나물 종류에 따라 손끝으로 살살 조물조물 또는 조금 강하게 무쳐 손맛을 살린다.

원추리. 봄철에 새로 올라오는 어린순을 데치거나 말려서 나물로 먹는다. 초장에 찍어 먹거나, 된장국에 넣어서 먹기도 합니다.

두릅. 봄에 돋아나는 식물의 어린 싹들
대부분이 약한 쓴맛을 가지는데 그
대표적인 것이 두릅이다.
그 쓴맛이 몸이 나른해지면서
무거워지는 춘곤증을 물리치고 기운을
돋우는 작용을 한다.

개두릅(엄나무순)

모둠채소무침

재료

여러 가지 채소 (상추, 쑥갓, 치커리, 달래, 깻잎, 봄동, 풋마늘 등)

양념 참기름 1t, 고춧가루 1~2T, 설탕 1/3~1/2t, 소금 1/2t, (마늘장아찌 국물 1t),식초 2t, 통깨 1t

만들기

1 상추, 쑥갓, 치커리 등은 씻어서 물기를 털고 손으로 먹기 좋게 뜯는다.

2 풋마늘은 5cm 길이로 자른 다음 다시 길이로 가늘게 채 썬다. 달래는 알뿌리 껍질을 벗겨내고, 흰 뿌리의 꼭지를 따낸 다음 3cm 길이로 썬다.

3 볼에 ①과 ②의 채소를 모두 담고 참기름을 둘러서 살살 섞은 다음 양념을 넣고 무친다. 싱거우면 소금을 약간 더 넣는다.

＊ 고기 요리나 생선구이의 곁들이로 좋다.

＊ 도토리묵 무침에 곁들여도 좋다.

    도토리묵 양념장: 고추기름 1~1.5T, 간장 4T, (참치액젓 1T), 마늘 1T, 들기름 3T(참기름), 통깨

《 모둠채소무침 》

    최소한도의 적은 양념으로 채소의 맛을 한껏 살린 서양 샐러드 같은 채소무침이다. 육류나 생선요리, 도토리묵무침 등에 곁들이면 음식에 맛과 모양을 더한다. 냉장고에 자투리로 남아 있는 여러 가지 채소를 써서 손쉽고 간편하게 만들 수 있음도 이점이다.

    먼저 참기름을 넣고 살살 섞어 코팅 효과를 내고, 소량의 소금으로 간을 하면 채소가 까불어지지 않고 신선한 맛이 그대로 산다. 봄동이나 다양한 채소를 쓸 때는 양념을 모두 함께 섞어 드레싱처럼 부어서 무친다. 소량의 마늘장아찌 국물을 섞어도 좋다.

봄나물비빔밥①

재료(4인분)

쌀 2C, 취 50g, 원추리 50g, 두릅 60g, 냉이 60g, 소금

나물 양념 국간장, 다진 파, 다진 마늘, 참기름

양념간장: 은달래 장아찌 간장, 쪽파(달래), 청고추, 홍고추, 통깨, 참기름

만들기

1 쌀은 깨끗이 씻어서 30분 불린다.

2 취는 손질해 끓는 물에 소금을 넣고 살짝 데친다.

3 솥에 불린 쌀과 물을 넣고 밥을 짓는다. 밥물이 없어질 때쯤 데친 취를 넣는다.

4 원추리, 방풍, 두릅, 냉이는 손질해 끓는 물에 소금을 넣고 데친 뒤 찬물에 두세 번 헹구고
  손으로 지그시 물기를 짠 다음 각각 나물 양념을 넣어 무친다.

6 은달래 장아찌 간장을 이용해 비빔밥 양념간장을 만든다.

7 밥이 뜸 들면 취나물이 골고루 섞이게 뒤적인다. 그릇에 밥을 담고 참기름을 적당량 뿌린 뒤
  나물들을 색스럽게 얹고, 은달래 장아찌도 모양을 살려 고명으로 올린다. 양념간장과 함께
  낸다.

---

* **은달래 장아찌** 은달래에 절임물(간장 2: 설탕 2/3~1: 물 2: 식초 1.2~1.4 비율에다 맛술과 소주
  약간, 건 고추와 통후추 약간)을 부어 만든다. 바로 냉장 보관한다. 향이 좋고 씹히는 맛이 좋아
  전을 찍어 먹는 간장으로 내도 좋다.

* 봄나물 종류와 가지 수는 식성과 형편에 따라 취사선택한다.

봄나물비빔밥②

재료

취나물, 방풍나물, 원추리나물, 부지깽이나물, 머위나물, 냉이나물, 씀바귀나물, 미나리 또는 돌미나리나물 등

만들기

1 봄나물 종류와 가지 수는 식성과 형편에 따라 선택한다.
2 밥을 고슬고슬하게 짓는다.
3 그릇에 밥을 담고 참기름을 적당량 뿌린 뒤 몇 가지 나물을 얹는다.
4 식성에 따라 파장, 달래장, 은달래장아찌 간장을 이용한 양념장을 곁들인다.

《 봄나물비빔밥 》

　　갖가지 봄나물은 일반적으로 따로따로 조리해 먹는다. 한꺼번에 몇 가지 나물을 만들면 여러 재료가 어우러져 하나의 맛을 이뤄내는 '봄철 특미 비빔밥'을 즐길 수 있다.

　　여기에 은달래장아찌를 고명으로 얹고, 장아찌 물로 만든 양념장을 곁들이면 금상첨화다. 번거로우면 생략해도 된다. 일반적인 파장이나 달래양념장도 잘 어울린다.

《 비빔밥 》

비빔밥이라고 하면 조리하기 복잡하고 번거로운 음식이라는 선입견이 있다. 나물 한 가지 만들기도 쉬운 일이 아니니 기실 그러하다.

각종 성인병 질환의 해결책을 음식에 비중을 많이 두고 있음은 내남없이 아는 일이다. 이를테면 육류량을 줄이고 대신 채소 섭취량을 늘리라는 권장이다. 이 점에서 '한국의 나물은 경이로운 음식'이라고 표현한 외국 학자의 말은 전혀 과장이 아니다. 데쳐서 나물 한 접시를 만들어내는 채소량을 생각해 보라. 김치 다음으로 외국인의 흥미를 끌고 있는 음식이 비빔밥이라는 기사도 있었다.

맛은 물론 필수 영양가가 골고루 들어 있는 비빔밥은 일품요리로서 김치만 곁들이면 한 끼 식사로 충분하다. 예로부터 서민에서 궁중에까지 두루 일상의 음식이었던 비빔밥은 그래서 지방마다 고유한 방식으로 지금까지 발전해 왔다고 볼 수 있다. 전주비빔밥, 진주비빔밥, 해주비빔밥, 통영비빔밥, 안동헛제사밥 등이 그렇다.

번거로움에도 불구하고 비빔밥은 우리 집 식단의 단골 메뉴다. 어떻게 하면 보다 더 수월하게 할 수 있을까 연구도 지금 진행 중이다. 그 가운데 한 가지만 예를 들면 봄나물비빔밥이나 봄철 멍게비빔밥 등을 제외하고는 고사리나물과 도라지나물 그리고 고명인 소고기볶음을 기본으로 한다. 이것들은 한꺼번에 많이 조리해서 한 끼 분량으로 포장해 냉동보관해 두고 그때그때 제철 나물이나 손쉽게 만든 나물을 보태서 비빔밥을 완성한다. 비빔 양념인 약고추장은 일반 고추장을 대용한다.

부지깽이. 독특한 향기와 맛으로 사랑받는 식재료이지만
원래는 민간 약재료로 널리 쓰여왔다.

봄동나물

재료

봄동, 국간장, 다진 마늘, 깨소금, 참기름

만들기

손질하고 씻은 후 잎사귀를 먹기 좋게 두 쪽 또는 세 쪽으로 가른다. 데쳐서 금방 찬물에 담근 후 건진다. 마늘, 국간장, 깨소금, 참기름으로 무친다.

봄동. '노지에서 겨울을 보내어, 속이 들지 못한 배추.' 이것이 국어사전의 '봄동' 설명이다. 노지란 벽도 없고 지붕도 없는 곳, 말하자면 밭이나 언덕이나 산비탈 같은 곳을 말한다. 속이 들지 못한 탓인지 잎이 옆으로 퍼진 모양을 하고 있으나 달고 씹히는 맛이 좋은 채소이다.

봄동겉절이

재료

봄동

양념장 풋마늘, 고춧가루, 멸치액젓과 간장(같은 양), 설탕 소량, 참기름, 식초, 깨소금

만들기

1 손질해 씻어서 먹기 좋게 자른 봄동을 볼에 담는다.

2 풋마늘은 5cm 토막 낸 뒤 다시 세로로 잘게 채 썬다.

3 ②에 양념장을 섞어 넣고 ①과 합해서 샐러드를 만들 듯이 버무린다.

봄동메밀전

재료(4인분)

봄동 1포기, 메밀가루·멸치 다시마국물 2/3C씩, 식용유 적당량 씩, 소금 약간, 박력밀가루 적당량

만들기

1 봄동은 포기 안쪽의 잎 위주로 골라 씻은 뒤 물기를 뺀다.

2 볼에 메밀가루와 멸치 다시마육수, 소금을 넣고 섞어 메밀 반죽을 만든다.

3 ①의 봄동에 밀가루를 묻히고 털어낸다. 달군 팬에 식용유를 두르고 봄동을 메밀 반죽에 넣었다가 꺼내서 팬에 올려 앞뒤로 바싹하게 지진다.

---

* 메밀가루는 미리 반죽한 뒤 여러 번 저어주면 점성이 생겨 전을 부치기에 수월하다.

* 한겨울 배추로 전을 지져도 좋다.

봄동된장국

재료

봄동, 된장, 멸치육수, 다진 마늘, 대파

만들기

멸치육수에 된장을 풀어 끓으면 봄동을 넣고 한 소끔 더 끓으면 마늘과 파를 넣고 잠시 뒤 끝낸다.
모시조개를 봄동과 함께 넣고 끓이면 훨씬 더 풍미가 있다.

죽순볶음(중국식)

재료

죽순 100g, 돼지고기(등심, 목살) 100g, 브로콜리 70g, 식용유

돼지고기 밑간 전분 0.5, 청주 1, 간장 0.3, 달걀흰자 0.5 비율

돼지고기 양념 청주 1, 소금 0.3, 치킨파우더 1 비율

향신채 굵게 다진 대파 0.3, 다진 마늘 0.5, 다진 생강 약간

소스 청주 1, 간장 1, 굴소스 1, 전분물 2, 참기름 약간

만들기

1 삶은 죽순은 반으로 잘라 5cm 길이로 토막 내고, 빗살 모양을 살려 5mm 두께로 썬다.

2 브로콜리는 적당한 크기로 토막 낸다. 돼지고기는 한입 크기로 썰고 밑간한 다음 양념에 잰다.

3 중간불로 달군 팬에 식용유 1/2T를 둘러 향신채를 볶다가 물 1C를 부은 뒤 전분물(전분과
   물 1 : 3)과 참기름을 제외한 소스를 넣고, 소스가 끓어오르면 모든 재료를 넣고 2분 정도 더
   끓인 뒤 전분물로 농도를 맞추고 참기름을 둘러 마무리한다.

죽순조갯살나물

재료

죽순 2개, 조갯살 1/2C 분량, 다진 마늘 1t, 다진 파 2t, 참기름 1T, 소금 약간, 통깨

만들기

1 삶은 죽순은 반으로 가르고 빗살을 살려 어슷썰기한다.
2 달군 팬에 깨끗이 손질한 조갯살을 넣고 참기름 1/2T를 더해 수분이 없어질 때까지 볶는다.
3 ②에 어슷썰기한 죽순을 넣어 함께 볶고 다진 마늘, 다진 파를 더해 볶는다. 마지막에 소금으로
   간을 맞추고 통깨와 참기름 넣어 버무려 낸다.

《죽순》

　　죽순은 늦봄 4월 중순에서 5월 중순이 제철이다. 나는 이른봄부터 여러 가지 봄나물
을 즐기다가 죽순 요리로 봄 별미를 끝낸다.

　　죽순은 질감이 아작아작하고 옅은 대나무 향과 은근한 달콤함이 배어 있다. 쌀뜨물에
껍질을 벗긴 죽순을 넣고 40분~1시간 정도 삶아서 찬물에 3~4시간 담가 특유의 아린 맛
을 뺀다. 삶아서 냉동 보관할 수도 있으나 식감이 제철만 못하다. 어떤 양념이나 식재와도
잘 어울려 나는 가능하면 제철에 죽순이 들어가는 여러 가지 메뉴로 조리해서 즐긴다.

죽순초고추장무침

재료

죽순 150g, 양파 50g, 오이 80, 소금 약간,

양념장 고추장 2T, 고춧가루 1t, 다진 마늘 1/2t, 다진 파 1t, 소금 1t, 설탕 1.5t, 매실청 1T, 식초 1.5~2T, 통깨 1t

만들기

1 삶은 죽순은 반으로 잘라 5cm 길이로 토막 내고, 빗살 모양을 살려 5mm 두께로 썬다.

2 오이는 죽순과 비슷한 크기로 썰어 소금을 약간 뿌리고 10분 정도 지나 꼭 짠다.

3 양파는 곱게 채 썰어 찬물에 10분 담갔다가 건져서 꼭 짠다.

4 볼에 양념장 재료를 넣고 잘 섞은 뒤 ①, ②, ③을 넣고 무친다.

＊ 데친 오징어와 함께 무쳐 '죽순 오징어 초고추장무침'을 만들 수 있다.

　　내장을 뺀 오징어는 씻어서 껍질을 벗긴다. 안쪽에 다이아몬드 격자로 칼집을 내어 데친 뒤 죽순과 오이에 어울리는 크기로 썬다. 오징어 자체가 간간하므로 따로 양념을 더 보태지 않아도 되지만 식성에 따라 고춧가루와 소금을 첨가할 수 있다.

낙지연포탕

재료

낙지(세발낙지), 새우(중), 미나리, 대파, 다진 마늘, 소금, 무, 멸치 다시마육수

만들기

1 **육수 만들기:** 물 1L에 멸치 한 움큼과 다시마 한 장(손바닥 크기 반)을 넣고 10분 끓인 뒤
   다시마를 건져내고 뚜껑을 연 채 약불에서 10분 더 끓인다. 맑은 육수만 따라낸다.
2 낙지는 내장을 빼지 말고 흐르는 물에 통째 씻어서 체에 내려놓는다. 바지락도 해감해서 껍질째
   씻는다. 새우도 통째 씻는다. (생략 가능)
3 미나리는 씻어서 5~6cm 길이로 썬다. 무는 두께 3mm 직사각형으로 썬다.
4 낙지 양에 따라 냄비에 육수를 알맞게 잡아 소금과 무를 넣고 10분 정도 끓이다가 바지락과
   새우를 넣고 바지락 입이 열리면 다진 마늘을 넣고 간을 맞춘다.
5 낙지는 통째로(또는 토막을 내서) 미나리, 어슷썰기한 대파와 함께 넣고 한소끔 끓인다.

---

* 낙지는 오래 끓이면 질겨진다. 데쳐질 정도로 끓여서 바로 먹는다. 통째 넣었을 때는 가위로
   잘라 발 쪽을 먼저 먹고, 먹물이 든 대가리는 조금 더 익혀서 먹는다.

《 낙지연포탕 》

갯벌에서 자란 해물 가운데 낙지는 가장 선호받는 식재로 손꼽힌다. 제철 싱싱한 낙지는 맛도 그만이지만 보양 강장(強壯) 효과도 유명하다. 그만큼 원기 회복제로도 알려져 값도 만만찮다. 무안군 일대는 세발낙지 등 낙지를 팔아서 자식들 대학 공부를 시킨 갯벌 어부가 여럿이라고 들었다. 낙지연포탕은 제철에 한 번 정도 직접 요리해 볼 만하다. 가령 갈비같은 식재에 견주어 세발낙지 값은 견딜만한 데다 탕의 맛이 별미이기 때문이다.

《 아스파라거스 》

'아스파라거스'라 하면 고급이고 비싼 채소라는 생각을 먼저 한다. 요즘같이 발달한 재배 기술로 국내에서 생산되기 전에는 수입품을 비싼 값으로 사거나 외국 여행 가서나 맛보기가 고작이었다. 이전의 유명 요리책에 아스파라거스 메뉴가 드문 이유였겠다.

나는 봄의 향취를 강렬하게 느끼게 하는 채소가 서양에서는 아스파라거스라면 우리나라는 두릅이라고 생각했다. 지금 국내에서 생산되는 아스파라거스는 4~5월이 제철이라고 한다. 두릅 또한 그렇다고 하지만 사실은 두릅이 아스파라거스보다 조금 일찍 시장에 나타난다. 해서 부지런만 떨면 봄의 풍미를 두 배로 즐길 수 있다.

올리브유에 살짝 볶으면서 소금을 약간 치는 조리가 가장 간단하고 맛도 좋다. 이것을 소고기나 연어스테이크에 곁들여도 훌륭하다. 그러나 육류 등 다른 식재를 섞어 조리해 그 맛을 더 살리면서 시각적으로나 영양 면에서 업그레이드할 수도 있다. 베이컨에 아스파라거스를 엇비슷하게 놓고 돌돌 말아 굽는 게 가장 많이 알려진 방법이다. 되도록 얇게 썬 삼겹살에 미소를 발라 같은 방법으로 조리하는 일본풍 쟁반도 별미다.

아스파라거스. 식물 분류에 비짜루목, 비짜루과가 있다. 여러 포기를 묶으면
빗자루와 모양이 비슷해진다 해서 이런 이름이 생겼다. 전 세계에 300종 정도가 존재하며
한국에도 6종이 토종 식물로 존재한다고 한다.

돼지고기아스파라거스말이구이

재료

삼겹살(샤부샤부용), 아스파라거스, 미소 적당량, 소금, 후춧가루

만들기

1 아스파라거스 밑동 2cm 정도 질긴 부분을 잘라낸다.

2 돼지고기는 잘 펴고 한 면에만 소금, 후춧가루를 뿌린 뒤 미소를 조금씩 골고루 바른다.

3 양념을 한 면에 아스파라거스 두 개를 엇비슷하게 놓고 돌돌 말아 모양을 잡아준다.

4 고기가 풀어지지 않게 마무리 부분이 바닥에 닿도록 먼저 구운 뒤 15분 정도 굴러주면서
   노릇노릇하게 굽는다. 적당한 길이로 어슷썰기해서 낸다.

※ 샤부샤부용 돼지 목살로도 할 수 있다. 이때는 팬에 식용유를 약간 두르고 굽는다.

노미조림

재료

도미 1kg, 우엉(굵은 것) 10cm 두 대, 꽈리고추 10개, 생강 한쪽(30g), 소금(천일염) 50g,
누름뚜껑(속뚜껑, 오토시부타)

양념국물 간장·미림·청주 각 80ml, 설탕 3T, 물 200ml

만들기

1 도미는 아가미나 몸통에 있는 핏덩이를 제거하는 등 깨끗이 씻어 앞뒤로 소금을 넉넉하게
   뿌린다. 30분 뒤에 이물질을 제거하며 다시 깨끗이 씻어서 끓는 소금물에 잠시 데친다. (잡내를
   없앤다.)

2 우엉은 껍질을 벗기고 반으로 잘라 길이로 4토막 낸다. 생강은 최대한 가늘게 채 썰어 물에
   담갔다가 금방 건져 꼭 짜둔다. 꽈리고추는 씨를 빼고 긴 것은 반으로 자른다.

3 종이호일로 만든 누름뚜껑(속뚜껑)을 준비한다. 조림냄비 지름 크기로 둥글게 자른 다음
   가운데 지름 2cm 정도를 잘라 내 구멍을 낸다.

4 냄비에 우엉을 깔고 도미를 얹는다. 양념국물 재료를 넣고, 물에 적신 누름뚜껑을 얹은
   다음 냄비 뚜껑을 덮고 끓으면 중약불에서 20분 정도 조린다. 국물이 4분의 1 정도 남으면
   누름뚜껑을 뺀 뒤 꽈리고추를 넣고 뚜껑을 덮은 채 잠시 익힌다. 다시 뚜껑을 열고 숟가락으로
   국물을 끼얹으면서 좋아하는 간과 농도가 될 때까지 조린다.

5 그릇에 도미조림을 담고 남은 국물을 끼얹는다. 우엉은 도미 옆에 놓고, 꽈리고추와 생강채는
   위에 색스럽게 얹는다.

---

* 도미는 굳이 제철을 따져 봄이지 사철 맛있는 생선이다.

* 큰 도미 한 마리를 사서 회를 뜨고 남은 대가리를 포함한 서더리를 써도 좋다.

도미밥(일본식)

재료(4인분)
도미 1마리, 쌀 2C(불리기 전 300g), 생강 1조각(12g), 다시마 손바닥 1/2 크기 한 장,
참나물(봄나물 가운데 하나 선택), 소금 2/3t, 도미 손질용 소금·청주 약간씩
양념 생간장(일본산)·청주 2T씩, 물 380ml

만들기
1 **도미 손질**: 비늘을 제거하고 대가리를 잘라낸다. 이때 도미 대가리는 반으로 자른 뒤 염분 농도
   3%의 소금물에 담가 칫솔 등을 이용해 핏물과 이물질을 제거한다. 세장뜨기를 한 도미 살과
   도미 뼈, 도미 대가리에 소금을 뿌려 10분 정도 그대로 두었다가 흐르는 물로 남은 이물질을
   씻어낸 뒤 물기를 제거한다.
2 **도미 굽기**: 도미 대가리와 살의 껍질 부분에 소금을 뿌려 그릴에 살짝 노릇하게 굽는다. 도미의
   비린내를 제거하고 더 고소하게 밥을 짓기 위해서다.
3 생강은 가늘게 채 썰어 찬물에 잠시 담가 전분기를 뺀 뒤 물기를 제거한다. 양념 재료를 고루
   섞어 놓는다.
4 **도미밥 짓기**: 쌀은 씻은 뒤 바로 소쿠리에 건져 30분 동안 물기를 뺀다. 솥에 쌀, 다시마, 도미
   뼈, 도미 살, 도미 대가리 순서대로 얹은 뒤 생강과 양념을 골고루 뿌린다. 솥뚜껑을 덮은
   상태로 중불에서 물이 끓기 시작하고 3분 뒤에 약불로 줄여 10분 정도 더 끓인다. 불을 끄고
   먹기 좋게 썬 참나물을 얹고 다시 뚜껑을 닫아 15분 동안 뜸을 들이고 마무리한다.

＊ 도미밥은 도미 손질이 전부라고 해도 과언이 아니다. 나는 작은 도미는 직접 손질한다.
   수산시장에 갈 때면 좀 큰 도미를 사서 생선 뜨는 가게에 손질을 맡긴다. 횟감을 뜨고 남은 도미
   살, 대가리, 뼈를 모아 매운탕을 끓이거나 도미밥을 짓는다.
＊ 생선이나 고기를 넣고 밥을 지을 때는 전기밥솥보다 도자기로 만든 솥에 하면 풍미도 살아나고
   맛도 좋다.

여름음식

여름음식

여름나기

식약동원의 이치대로 열을 식혀주는 음식이 더위를 견디는 주요 방도이겠다. 한성(寒性)의 한약재가 있듯 오이, 메밀, 열무, 콩, 우뭇가사리, 해파리 등 한성 식재가 바탕인 냉면, 오이냉국, 콩국수, 열무김치, 우뭇가사리 냉국, 해파리냉채 등이 그런 음식이다. 여름에는 생리적으로 자연히 입에 당긴다.

나는 우선 5월 말쯤 오이장아찌를 담가 익혀서 딤채에 두고 기본 반찬으로 삼는다. 상차림 메인디쉬에 따라 장아찌가 아닌 생오이냉국을 만들기도 한다.

열무물김치는 식구가 가장 선호하는 음식이자 내 특기라 자부한다. 건더기를 썰어서 강된장과 참기름을 역시 한성인 보리밥에 넣고 비벼서 국물과 곁들여 먹는 비빔밥은 여름철 특미 가운데 하나다. 그와 비슷하기는 상품 메밀면을 넣고 만드는 '열무김치 메밀국수'다. 열무 비빔국수도 좋다. 콩국은 소금을 약간만 섞어 냉장 보관한다. 삶아서 식힌 국수에다 오이채와 삶은 달걀을 얹고 얼음을 띄우면 훌륭한 '냉콩국수'가 된다. 한성이 강한 해초 한천이 원료인 우뭇가사리 채와 얼음을 콩국에 넣으면 별미 냉음료가 된다. 해파리, 사태, 새우, 오이, 배, 겨자소스로 조리하는 해파리냉채는 손님 상차림에도 손색이 없는 여름철 고급 메뉴. 주재료인 해파리 역시 강한 한성이다. 오이와 해파리만으로 약식 해파리냉채를 만들 수도 있다.

보양식은 역시 민어요리다. 특히 전복을 넣고 두어 시간을 푹 끓이는 민어탕은 땀을 뻘뻘 흘리면서도 마다하지 않는다. 저녁에 한 그릇 듬뿍 먹고 잔 다음 날 일어나면 기운이 느껴지는 확실한 보양식이다. 식구를 위해서나 친지들과 나누기 위해 여름 한철에 두어 번은 빠뜨리지 않는 음식이다.

장어덮밥도 선호한다. 요즘은 큰 재래시장에서 민물장어를 사면 그 자리에서 애벌구이를 해준다. 애벌구이 산지 직송 상품도 있다. 구이 소스를 한꺼번에 넉넉하게 만들어 놓으면 편리하다. 점심으로 열무비빔밥이나 열무김치 메밀국수, 콩국수를 먹고 난 뒤 냉오미자차 한 잔 들고는 찬 기운이 물씬 나는 대나무 돗자리를 편다. 거기서 딩굴딩굴 오수(午睡)와 독서를 즐김이 나로서는 최고의 피서법이다.

오이·방울토마토무침

재료

오이 1개, 방울토마토 20개, 소금 약간

양념 설탕 2t, 깨소금 2t, 식초 2t, 간장 1T, 참기름 1t, 소금 약간, 마늘 1/2t, 고춧가루1t

만들기

1 오이는 필러로 줄무늬를 내어 길게 반으로 자른 뒤 0.7cm 두께의 반달 모양으로 썬다.

2 방울토마토는 꼭지를 떼고 길게 반으로 자른다.

3 오이는 소금을 뿌려 5분간 절인다.

4 볼에 양념 재료들을 넣고 섞는다.

5 ④에 오이, 방울토마토 순으로 넣고 골고루 섞는다.

---

* 오이는 손질하고 잘라 소금을 약간 넣고 버무려 놓으면 5~7일 동안 냉장보관할 수 있다.

비름나물

재료

비름

양념장 고추장과 된장 같은 양, 다진 마늘, 참기름 또는 들기름, 깨소금

만들기

1 비름을 식감이 말캉할 정도로 데쳐 찬물에 씻는다.

2 양념장에 무친다.

부추김치

재료

부추 800g ,멸치액젓 1/2C ,고춧가루 1/3~1/2C, 다진 마늘 1.5T, 설탕 1T

만들기

1 부추를 물에 넣고 밑동을 양손으로 비벼 깨끗이 다듬고 씻은 다음 물기를 빼고 2~3등분
   자른다. (마구 흔들어 씻으면 서로 엉킨다.)
2 넓은 그릇에 물기를 어느 정도 뺀 부추를 한 켜 씩 깔 때마다 멸치액젓을 골고루 뿌린다.
   20~30분 있다가 뒤집어서 10분 가량 더 절인다. (부추는 소금에 절이면 질겨진다.)
3 부추가 적당히 숨이 죽으면 멸치액젓만 다른 그릇에 따라내고 여기에 고춧가루, 다진 마늘,
   설탕을 섞어 부추에 넣고 살살 버무린다. (세게 버무리면 풋내가 나고 질겨진다.)

비름. 어린 순을 나물로 먹는다.
옛날부터 식용해왔으며 이질을
치료하는 데도 이용하였다. 비름속에
딸린 식물은 60종이 열대에서
온대까지 분포하며 우리나라에서
자라는 것은 5종이다.

고구마줄기나물

재료

고구마줄기 200g, 홍고추 반개, 깨소금

양념장 다진 파 2작은술, 다진 마늘 1작은술, 국간장·멸치액젓 각 1작은술, 들기름 (들깨가루),
홍고추

만들기

1 고구마줄기는 소금물에 7분 정도 삶아 찬물에 헹군 뒤 껍질을 벗기고 먹기 좋은 길이로 썬다.

2 ①에 양념을 넣고 조물조물 무친다.

3 ②를 냄비에 담고 냄비 바닥 가운데 물 1큰술을 넣은 뒤 뚜껑을 덮은 채 한소끔 끓여서 간이 잘
   배게 한다.

4 뚜껑을 열고 채 썬 홍고추를 넣어 조금 더 볶으면서 간을 맞춘다. 깨소금을 뿌려놓는다.

＊ 들깨가루를 넣을 때는 ③에서 물을 3큰술 정도 넣고 끓인 다음 ④에서 홍고추와 함께 넣는다.

김치고등어조림

재료

고등어 2마리(중치), 묵은 김치 1/2쪽, 무, 양파, 대파, 들기름(참기름)

양념장 고추장 2T, 간장 1T, 된장 1T, 고춧가루 1T, 다진 마늘 1T,

생강 소량, 설탕 1T, 들기름 1T(참기름)

만들기

1　고등어는 비스듬하게 3~4토막 내고 물에 씻는다.

2　묵은 김치는 속을 털어내고 국물도 어느 정도 짜 없애고 두 쪽으로 자른 뒤 들기름 1T를 넣고 버무려 놓는다. (김치를 부드럽게 익히기 위해서다.)

3　냄비에 두툼하게 썬 무 서너 개를 깔고 그 위에 ②를 얹고, 또 그 위에 고등어를 펴서 얹는다.

4　크게 토막 낸 양파와 크게 어슷 썬 대파를 가장자리에 곁들이고 양념장을 넣고 물도 자박하게 붓고 25분 내지 30분 조린다.

＊　홍고추를 크게 어슷 썰어서 같이 익히면 음식을 그릇에 담을 때 색스럽다.

고등어조림

재료

고등어 (중치) 2마리, 고구마 줄기, 양파, 홍고추, 풋고추, 대파

양념장 고추장 2T, 고춧가루 1T, 간장 3T, 된장 1T, 청주 2T, 맛술 2T, 다진 마늘 2T, (생강 1t), 참기름 1T, 설탕 1/2T

육수 멸치 1/3움큼과 다시마(5×5cm)를 물 1.5C에 넣고 10분 끓인다.

만들기

1 고등어는 손질하여 비스듬하게 서너 토막 썰어 물에 씻는다.

2 멸치 다시마 국물을 만든다.

3 고구마 줄기는 소금물에 3~4분 설컹하게 삶아 찬물에 헹군다. (껍질을 벗기면 더 좋다.)

4 양파 반 개는 크게 토막 내고 홍고추, 풋고추, 대파는 어슷하게 썬다.

5 우묵한 냄비 바닥에 고구마 줄기를 깔고 그 위에 고등어를 얹고, 가장자리에 양파와 대파를 앉히고 양념장과 육수 200cc를 넣고, 처음에는 센 불에서 나중에는 중불에서 조린다.

6 거의 다 조려졌을 때 풋고추, 홍고추를 넣고 마무리 할 때까지 전체 30분 동안 조리한다.

고등어. 한국인의 국민 생선. 삼치, 참치와 함께 대표적인 등푸른생선이다. 세계적으로 널리 분포하며 종류도 많으나
한국에서는 태평양고등어와 망치고등어가 주로 잡힌다. 태평양고등어는 참고등어라고도 불린다.

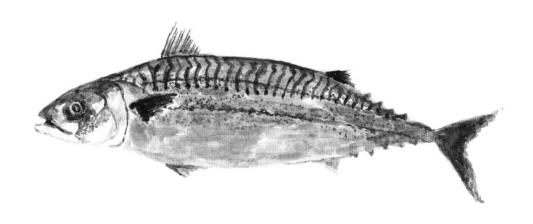

회덮밥

재료

각종 생선 횟감, 각종 채소, 날치알, 초고추장

초고추장 고추장 1C, 설탕 1/4C 생강즙과 다진 마늘을 적당량 넣고 잘 섞는다. 여기에 맛술 1/3C,
사과식초 1/2C을 넣고 다시 섞는다.

만들기

1 밥을 고슬고슬하게 지어 식힌다. (다시마육수로 밥을 지으면 좋다.)

2 마구로, 참치, 삼치, 광어, 연어 등의 횟감을 적당한 크기로 썬다.

3 날치 알은 물과 식초 혼합액에 걸러내 비린내를 없앤다.

4 오이 40g: 돌려 깎기 해서 채 썰기, 무25g: 채 썰기

   당근20g: 얇게 편 썰어 채 썰기, 풋고추10g: 채 썰기

   양배추 50g: 채 썰기, 적채 10g: 채 썰기

   깻잎: 5mm 정도로 채 썰기. 무순은 그대로 쓴다.

5 무와 양배추는 따로, 색깔 있는 채소는 물에 담갔다가 물기를 빼서 섞는다.

6 볼에 밥을 담고 그 위에 채소, 횟감, 날치알과 무순을 순서대로 얹는다.

7 초고추장을 곁들여 낸다.

---

* 채소는 임의로 몇 가지 선택한다.

* 초고추장은 김치냉장고에 보관.

잔치국수

재료(2인분)

국수 150g, 호박 100g, 당근 50g, 김치, 소금, 설탕, 깨소금, 참기름, 황백지단, 김가루,
식용유 소량

육수 멸치 50g, 무 100g, 양파 100g, 대파 반대, 다시마 1장(손바닥 크기)을 물에 넣고 끓기
시작하면 다시마는 건져내고 10~15분 더 끓인다. (멸치는 미리 팬에 넣고 볶아서 바싹 건조시켜
비린내를 제거한다.)

만들기

1 김치는 소를 털어버리고 짠 다음 채 썰어 참기름 1.5t, 설탕 1/2t, 깨소금으로 무쳐서 밑간해
   둔다. 달걀 1개 노른자와 흰자를 각각 황백지단을 만든다.

2 호박과 당근은 각각 채 썰고 소금 1/2t로 약간 절여 기름을 조금 두른 프라이팬에 넣고 센
   불에서 빨리 볶는다. 접시에 펼쳐 재빨리 식혀서 갈변이 안 되게 한다.

3 물을 넉넉하게 잡고, 끓을 때 국수를 넣고 끓으면 물 반C을 넣는다.
   끓으면 다시 물 반C을 넣고, 또 끓으면 재빨리 체에 담아 흐르는 찬물로 문질러 씻어 체에
   밭친다.

4 볼에 국수를 담고 약간 짭짤하게 간을 한 육수를 넣은 뒤 김치, 호박, 당근 고명을 얹는다.
   김 가루를 올려놓고 황백 지단을 맨 위에 올린다.

＊ 다진 소고기를 불고기 양념으로 볶아 고명으로 얹을 수도 있다.

비빔국수①

재료(2인분)

국수(150g), 소고기(70g 갈아서), 표고버섯 1개, 오이 반 개, 소금과 식용유 약간씩,

(황백지단, 삶은 달걀)

불고기 양념 간장 2작은술, 다진 마늘 1/4작은술, 다진 파 1/2작은술, 설탕 2/3작은술,

참기름 1/4작은술, 후춧가루

비빔국수 양념 간장 1T, 고추장 1/2T, 참기름 1T, 설탕 1/2T, 깨소금 약간

만들기

1 반으로 길게 자른 뒤 반달 모양으로 썬 오이는 소금으로 살짝 간을 한 뒤 팬에 소량의 기름을
   두르고 센 불에서 빨리 볶아 식힌다.

2 소고기는 불고기 양념을 해서 볶는다.

3 ②에서 생긴 육즙이 프라이팬에 남은 상태에서 버섯(포를 떠서 채 썬)을 넣고 잠시 볶아
   소금으로 간을 맞춘다.

4 볼에 양념으로 무친 국수를 담고 고명(소고기·버섯·오이볶음)을 얹힌 뒤 맨 위에 황백 지단을
   얹거나 삶은 달걀을 반 쪽 곁들인다.

＊ 국수 삶기: '잔치국수' 참조

비빔국수②

재료

국수, 김치, 오이, 달걀, 볶음고추장(p.320 참고), 참기름, 설탕

만들기

1 김치는 소를 털어내고 물기를 짠다. 송송 썰어서 참기름, 설탕으로 무쳐 놓는다.

2 오이는 채 썰고, 달걀은 삶아 반쪽으로 썬다.

3 국수를 삶는다.

4 ③에 볶음고추장, 참기름, 설탕을 적당량 넣고 무친다.

5 ④를 볼에 담고 고명으로 ①과 ②를 얹는다.

＊ 여름에 미리 만들어 놓은 볶음고추장을 이용해서 쉽게 비빔국수를 만들 수 있는 방법이다.

＊ 볶음고추장 대신 비빔국수①의 양념으로 국수를 무쳐도 된다.

오이소박이

재료

오이, 부추, 쪽파, 다진 마늘, 고춧가루, 새우젓, 소금, 설탕

만들기

1 소금으로 오이를 비벼 그대로 몇 시간 동안 절여 놓는다. 오이 끝을 씹어 보아 간이 뱄으면 물에 씻어 건진다. 10cm 길이로 자른 오이 하나하나에 칼집을 세 군데씩 넣는다.

2 2.5cm 길이로 썬 부추, 잘게 썬 쪽파(흰 부분만), 다진 마늘, 고춧가루, 새우젓, 설탕 조금으로 버무려 만든 속을 간이 밴 오이에 집어넣는다.

3 김치 통에 오이를 차곡차곡 담는다. 그릇에 물을 넣고 소금으로 간을 맞춰 오이가 자작하게 잠길 때까지 붓는다.

＊ 두세 시간 뒤에 후간을 볼 수 있다. 국물을 맛보아 싱거우면 소금을 더 보충해 넣고 짜면 물로 희석한다.

＊ **김치 국물:** 물 6C, 배 즙 1/3C, (양파 즙 1/3C), 고운 고춧가루 1~2T, 설탕 1/2T, 소금 1.5 T 비율 김치 국물을 따로 해서 부으면 오이소박이 국물김치가 된다.

＊ 이 때는 ③을 실온에서 6시간 동안 맛이 배게 한 다음 김치 국물을 붓는다.

오이냉국

재료

오이, 미역, 다진 마늘, 국간장, 식초, 설탕 약간, 홍고추, 통깨, 생수

만들기

1 오이는 소금으로 비벼서 씻는다. 어슷썰기 해서 채 썬다. 냉국에 필요한 양의 생수에 담근다.
   (오이의 아삭한 맛을 내기 위해서)
2 미역은 물로 씻은 뒤 끓는 물에 살짝만 데쳐 찬물에 헹구고 먹기 좋은 크기로 자른다.
3 미역에 국간장, 다진 마늘, 식초, 설탕을 넣고 무친다.
4 ①과 ③을 합해서 기호에 따라 간을 맞추고 둥글고 얇게 썬 홍고추와 통깨를 얹는다.
5 얼음 몇 개를 띄운다.

오이. 박과에 속하는 한해살이 식물. 지역에
따라 외, 물외라고 부르기도 한다. 한국인들에게
친밀한 식품의 하나이지만 나라 안 사람들이
한 종류의 오이를 먹고 있지는 않다. 서울을
비롯한 중부권에서는 가시가 없고 미끈한 백오이,
경상권에서는 가시가 많고 초록빛을 띤 가시오이가
주로 유통된다. 호남권에서는 청록색 오이인
취청오이가 많이 소비된다.

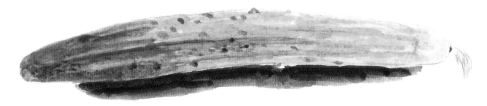

오이초절임(중국식)

재료

오이 2개, 마늘 2쪽, 굵은 소금 약간

두반장 양념 두반장·고추기름 1T씩, 식초 2T, 설탕 1.5T

만들기

1   오이는 굵은 소금으로 문질러 씻은 뒤 4cm 길이로 자르고 다시 세로로 4등분한다. 칼배(칼의 넓은 옆면)나 나무망치를 활용해 오이를 두드려 깬다. 마늘은 칼배로 눌린 뒤 굵게 다진다.
2   준비한 오이에 마늘과 분량의 두반장 양념 재료를 넣고 고루 섞은 뒤 냉장고에 두고 먹기 직전에 꺼내 차게 먹는다.

※   오이를 자연스럽게 두드려 내면 양념이 잘 배기도 하고 보기에도 멋스럽다.

새우오이냉채

재료

새우, 오이, 잣가루, 소금

겨자소스 다진 마늘 2, 연겨자 1, 식초 2, 설탕 2~3, 물 1 비율

만들기

1   새우는 삶아 식혀서 저민 뒤 냉장고에 둔다.
2   오이는 얇고 납작하게 썰어 소금에 살짝 절였다가 씻어서 물기를 짜내고 냉장고에 둔다.
3   새우에 소금을 약간 뿌린 뒤 오이와 섞는다.
4   잘 섞은 겨자소스에 ③을 버무리고 위에 잣가루를 뿌린다.

소고기오이볶음

재료

오이 2개, 소고기(다진 것) 100g, 소금, 식용유 약간, (홍고추 채 또는 실고추)
불고기 양념 간장 1T, 다진 마늘 1t, 설탕 1/2t, 참기름 약간, 후춧가루 약간

만들기

1 오이는 얇게 썰고 소금으로 버무려 15분 재었다가 베보자기나 면포로 짠다.
2 팬에 기름을 조금만 두르고 1분 정도 살짝 볶으면서 소금으로 간을 맞춘 뒤 접시에 펼치고
   재빨리 식힌다. (잠시 냉동고에 넣어 식혀도 된다.)
3 팬에 기름을 두르지 않고 불고기 양념한 소고기를 넣고 볶다가 홍고추 채를 넣고 볶으면서
   육수가 조금 남아 있을 때 ①을 넣고 섞으면서 살짝만 볶는다. 불을 끄고 참기름 조금,
   깨소금을 넣고 섞는다.

＊ 홍고추 대신 실고추를 쓰면 더 좋다.
＊ 딤채나 냉장고에 일주일 정도 보관할 수 있는 여름철 고급 음식이다.
＊ 오이볶음(약식): 소고기를 빼고 마늘 1t를 넣고 1과 2까지만 조리한 뒤 참기름 조금과 깨소금을
   넣고 섞는다.

호박잎. 된장과 가장 궁합이 잘 맞는 식품, 호박잎은 남녀노소 누구에게나 좋지만
노인에게 특히 좋은 식품이라 한다. 골다공증과 치매 예방, 그리고 뼈 건강, 눈 건강에 좋고
콜레스테롤 수치를 낮추는 효능도 있다고 알려져 있다.

강된장

재료

다진 소고기, 양파, 호박, 고추, 다진 마늘, 식용유, 참기름, 물엿, 된장(2)과 고추장(1) 비율

만들기

1 양파, 호박, 고추는 잘게 썬다.
2 달군 뚝배기(또는 다른 용기)에 기름을 두르고 소고기와 다진 마늘을 넣고 소고기가 익을
   때까지 볶는다.
3 ②에 ①을 넣고 양파가 투명해질 때까지 볶는다.
4 된장과 고추장을 넣고 채소가 충분히 무를 때까지 조린다. 이때 너무 되직하면 물을 적당량
   넣는다.
5 기호에 맞게 물엿을 넣고 참기름으로 마무리한다.

＊ 강된장이 약간 물러도 식으면 되직해지므로 묽기를 잘 조절한다.
＊ 강된장을 곁들이는 호박잎쌈은 한 여름 식욕을 돋우는 음식 중의 하나다.
   호박잎찌기: 호박잎 줄기 부분의 껍질을 벗긴다. 씻어서 하나하나 차곡차곡 쌓아 찜통 물이
   끓을 때 넣고 중강불로 15분 동안 찐다. (호박잎은 찌는 데 의외로 시간이 많이 걸린다.
   겉보기에 다 쪄진 듯해도 씹어봐서 서걱하면 안 되고 약간 말캉해야 맛이 있다.)

육개장

재료

양지머리 1근, 숙주 700g, 토란대 700g, 고사리 300g, 대파 3대, 고춧가루 10T, 소금 적당량, 국간장 1/4C, 다진 마늘 5T, 후춧가루, 식용유

만들기

1 끓는 물 4.5리터에 양지머리를 넣고 끓으면 중약불에서 50분~1시간 삶아 고기는 건져 식혀서 찢어 놓는다. 국물은 남긴다.

2 숙주는 데친 다음 찬물에 씻어서 건져놓는다.

3 고사리는 손질해서 6~7cm 길이로 잘라놓는다.

4 토란대는 손질해서 6~7cm 길이로 잘라놓는다. (삶은 토란대)

5 **고추기름 내기:** 프라이팬을 달군 뒤 기름을 두르고 고춧가루 (4:3비율)를 넣어 약불에서 잠시 볶아 고추기름을 낸다.

6 대파는 반으로 갈라 6cm 길이로 썬다.

7 모든 채소를 큰 볼에 담고 여기에 ⑤와 다진 마늘, 후춧가루, 소금, 국간장을 넣고 잘 무쳐서 ①의 양지머리국물 솥에 넣고 한소끔 끓인 뒤 찢어놓은 고기를 넣고 한 번 더 끓인다. 싱거우면 소금으로 간을 맞춘다.

※ 토란대는 먼저 끓는 물에 넣고 충분히 삶아 말랑한 식감이 나도록 해야 할 경우도 있다.

고추소박이찜

재료

풋고추(15cm 길이) 6개, 쇠고기 곱게 다진 것 40g, 표고버섯 다진 것 30g, 감자녹말

양념장 간장 1t, 설탕 1/2t, 다진 마늘 1/4t, 다진 파 1/2t, 후춧가루, 참기름 1/4t

곁들이 채소 홍고추 채 썬 것, 대파 흰 부분 채 썬 것

소스 국간장 2t, 설탕 2/3~1t, 식초 2t

만들기

1 풋고추는 두 끝을 1cm씩 남기고 길이로 칼집을 내어 씨를 대충 털어낸다.

2 쇠고기와 표고버섯은 다져서 양념장을 넣고 볶아 다시 곱게 다진다.

3 고추 속에 ②를 채워 넣는다.

4 홍고추는 3cm 길이로 포 떠서 채 썰고, 대파는 3cm 길이로 토막 내 채 썰어 찬물에 담갔다가 건져 물기를 뺀다.

5 고추 전체에 녹말을 묻히고 스프레이로 물을 뿌린 다음 김이 오른 찜통에 넣어 1~2분간 찐다.

6 먹기 좋은 크기로 썰어서 그릇에 담고 분량의 소스 재료를 섞어서 끼얹은 다음 채 썬 홍고추와 대파 흰 부분을 얹는다.

＊ 초여름 고추의 상큼한 맛과 식감에 고운 초록 빛깔이 그대로 살아 있어 전채 요리로 제격이다.

머위대들깨찜국

재료

데쳐서 자르고 물기를 짠 머위대·감자·얼갈이배추 각 200g, 소고기(사태 100g), 대파 반 대,
다진 마늘 1큰술, 소금적당량, 멸치육수 1.5리터

들깨가루 물 들깨가루 4큰술, 찹쌀가루 3큰술, 물 1/2C 비율

만들기

1 머위대를 소금물에 5분 정도 삶아(약간 설컹하게) 바로 찬물에 씻어서 껍질을 벗긴다.
   30분 정도 물에 담가 아리고 씁쓰름한 맛을 없앤다. 굵은 것은 반으로 잘라 5cm 길이로 썬다.

2 소고기 (기름기가 적은 사태살이 좋다.)는 사방 2cm, 두께 3mm로 익기 좋게 얇게 썬다.

3 얼갈이배추도 데쳐 2cm 길이로 썬다. 감자는 사방 2cm 두께 5mm 정도로 썬다.

4 달구어진 국 냄비에 참기름을 약간 두르고 ②를 볶다가 멸치 육수를 붓고 소고기가 어느 정도
   연해질 때까지 10분쯤 끓인다.

5 거품을 걷어내고 난 뒤 ①과 ③을 넣고 감자가 익을 때까지 끓인 뒤 소금으로 간을 하고 다진
   마늘과 어섯 썬 대파를 넣고 다시 끓으면 들깨가루 물을 넣고 약간 걸쭉할 때까지 저으면서
   끓이고 끝낸다.

＊ 수프같이 냉장고에 2~3일 보관해 두고 데워 먹을 수 있다.

머위대볶음

재료

머위대 500g, 생들깨 물(들깨가루), 양파 1/2개, 들기름, 대파, 다진 마늘, 소금 1/2T

만들기

1 생들깨는 물 250ml에 간 뒤 체에 내린다.

2 머위대는 소금 1/2T를 넣은 끓는 물에 7분 데치고 껍질을 벗겨 6~7cm 길이로 자른다. (굵기에 따라 끓이는 시간을 조절한다.)

3 팬에 들기름을 적당량 두르고, 머위와 채 썬 양파를 넣고 1분 30초 볶는다. 중간에 들기름 1T를 더 넣고 볶는다.

4 소금 1/2T, 들깨물을 넣고 1분 정도 더 볶는다. (설컹한 식감이 없어질 때까지만 볶는다.)

5 어슷썰기 한 대파를 넣고 한 번 더 살짝 볶는다.

머위. 국화과에 속하는 여러해살이풀. 지역에 따라 머우, 머구 같이 여러 이름으로도 불린다. 비타민A가 많으며 뿌리부터 잎까지 모두 활용도가 높다.

꽈리고추와 멸치볶음

재료

볶음멸치, 꽈리고추, 파뿌리, 식용유, 소금 약간

양념장 진간장 1T, 소금 1t, 맛술 1T, 설탕 1/2T, 물엿 1/2T, 참기름 1T의 비율

만들기

1 꽈리고추는 씻어서 꼭지를 떼고 이쑤시개로 몇 군데 구멍을 낸다. 큰 것은 반으로 잘라
   소금물에 10분 담근 뒤 물기를 뺀다.
2 멸치는 달군 팬에서 살짝 볶은 뒤 식혀서 따로 둔다.
3 달군 팬에 기름을 넉넉히 두르고 뜨거워졌을 때 파뿌리를 넣어 갈색이 되면서 향이 충분히
   날 때까지 볶다가 건져내고, 재빨리 꽈리고추를 넣고 볶다가 양념장을 넣고 파릇하게 익혀졌을
   때 건져내 넓은 그릇에 펼쳐 냉동고에서 식힌다. (부채로 재빨리 식힌다.)
4 양념 국물이 남아있는 팬을 약불로 달구고 ②와 ③을 합해서 어우러지게 섞는다. 이때 물기가
   멸치에 배어 들어가고 고슬고슬한 상태가 된다.
   통깨로 마무리한다.

＊ 볶은 꽈리고추는 삼삼하게 간을 맞춰야 한다. 짭짤한 멸치와 합하면 간이 맞아진다.
＊ 급냉해야 꽈리고추가 선명한 푸른색이 되므로 냉동고에서 식힌다.
＊ 냉장 보관해도 꽈리고추가 파란 상태로 유지되므로 여름철 밑반찬으로 좋다.

《 꽈리고추 》

제철 채소는 다른 계절에 비해 값싸고 맛이 좋다. 꽈리고추는 특히 여느 것보다 더 값이 싼 편이다. 덕분인지 조리하는 방식도 다양하다. 꽈리고추 조림만 해도 여러 가지 방식으로 조리되어 여름 밥상에 단골 밑반찬으로 오른다.

꽈리고추는 일년 내내 나오는 채소지만 7~8월이 가장 맛있다. 특유의 아삭하면서도 연한 식감과 부드러운 매운맛이 돋보인다. 다른 계절에는 매운맛이 너무 강하고 식감도 덜하다. 끝이 뾰족하고 길쭉할수록 매운맛도 세다. 신선한 꽈리고추는 연녹색을 띠면서 쪼글쪼글한 굴곡이 선명하다. 거기다 꼭지가 마르지 않고 촉촉하다.

살이 연하므로 오래 두지 말고 사다가 바로 조리해 먹는다. 냉장고에서도 금세 물러지고 씨가 검게 변한다. 며칠 뒤야 한다면 종이 타월로 싸서 비닐봉지에 담아 습기가 차지 않게 보송한 상태로 냉장 보관한다.

전래 방식으로 만든 꽈리고추찜과 꽈리고추 조림은 내가 즐기는 음식이다. 밀가루를 입혀 찜통에 쪄서 양념장을 넣고 가볍게 버무린 꽈리고추찜은 본연의 식감에다 쫄깃함이 더해짐으로써 풍미가 배가된다. 어릴적 솜씨 좋은 외할머니 밥상에서 익힌 이래 선호하는 음식이다. 까불어질 정도로 조리는 꽈리고추 조림은 짭조름하면서도 식욕을 자극할 정도의 매운맛이 여름 밑반찬으로 그만이다.

건강 식단의 상징으로 대우받는 이른바 '지중해식 식단'을 만나면서 '올리브유'의 특장과 맛에 매료됐다. 올리브유로 조리하는 채소는 무엇이든 맛은 물론이고 그 영양과 흡수력이 월등하게 높아진다는 점이다. 그로 인해 내 요리에 대변화가 일어났다 해도 과언이 아니다. '꽈리고추올리브유볶음'이 내가 선호하는 꽈리고추 요리에 보태진 사연이다.

꽈리고추올리브유볶음

재료

꽈리고추, 마늘, 올리브유, 소금, 후춧가루

만들기

1 깨끗이 씻은 고추에 이쑤시개로 구멍을 2~3개 낸다. (요리가 빠르고 맛있게 된다.)

2 프라이팬을 달구고 올리브유를 넉넉히 두른 다음 저민 마늘을 넣고 볶는다. 마늘이
   투명해지면서 마늘 향이 나면 고추를 넣는다. 고추 표면이 하얗게 됐다가 노릇하게 변할 때까지
   볶다가 불을 끈다.

3 소금과 후춧가루를 넉넉히 뿌린 다음 꽈리고추 표면에 골고루 묻도록 프라이팬을 두어 번
   흔든다.

---

* 기름에 볶아낸 꽈리고추는 본연의 맛과 단맛이 훨씬 짙어지며, 약간 매운 뒷맛이 기분 좋다.
   차가운 맥주 안주로 좋고, 고기 요리에 곁들여 먹기도 좋다.

꽈리고추. 멸치, 돼지고기 같은 대부분의 육류와
궁합이 잘 맞는다. 쪼글쪼글한 표면의 굴곡이
고르고, 윤기가 있고, 꼭지가 신선한 것이 좋다.
병충해에 약해 농약을 사용하므로 씻을 때 꼭지를
떼내고 여러 번 헹구어 씻는다.

꽈리고추조림

재료

꽈리고추, 간장, 식용유, 다진 마늘, 통깨

만들기

꽈리고추에 식용유를 두르고 고추가 익을 때까지 볶는다. 간장을 넣고 뚜껑을 닫은 채 아주 약한 불에서 5~10분 조린다. 뚜껑을 열고 간을 봐서 싱거우면 간장을 더 넣고 완전히 까불어질 때까지 조린 뒤, 마늘을 넣고 조금 더 볶는다. 먹기 전에 통깨를 뿌려 섞는다.

꽈리고추찜

재료

꽈리고추 300~350g, 소금, 감자전분, 밀가루

양념장 간장 2T, 참치액젓(멸치액젓) 1T, 설탕 1/2~1t, 물엿 1~2T, 다진 마늘 1T, 참기름 1T, 고춧가루 2T, 통깨 1과1/2T

만들기

1 용기에 고추가 잠길 정도로만 물을 넣고 소금 한 숟갈을 녹여 15분 두었다가 건져내 두어번 헹구고 대충 물기를 뺀다. 꼭지를 따낸다. (이쑤시개로 구멍을 내는 방식보다 수분이 덜 빠진다.)
2 ①에 감자전분과 밀가루를 1:2 비율로 넣고 버무린 뒤 털어낸 고추를 물에 묻힌 베보자기에 앉혀 물이 끓을 때 찜통에 올린다.
3 5분 정도 찐 다음 식힌다. (부채나 선풍기로 빨리 식힌다.)
4 ③에 양념장을 넣고 가볍게 무친다.

방아부추해물전

재료

방아잎 30g, 부추 100g, 깻잎 20g, 청양고추 2개, 오징어 100g, 조갯살 50g, 부침가루 2C,
물 1과1/4C, 식용유

만들기

1 부추는 3cm 길이로, 방아잎은 1cm 폭으로, 깻잎은 반으로 자른 뒤 1cm 폭으로, 청양고추는
   반으로 갈라 씨를 빼고 잘게 썬다.

2 오징어는 손질해서 몸통을 길이로 몇 토막 자른 뒤 5mm 폭으로 썰고, 다리는 적당히 잘게
   토막을 낸다. 바지락은 5mm 폭으로 썬다.

3 작은 볼에 부침가루를 담고 준비된 분량의 물을 몇 차례 나눠 부으면서 갠다.

4 따로 큰 볼에 ①과 ②를 담아 섞고 ③을 부어 골고루 버무린다.

5 달군 팬에 식용유를 넉넉하게 두르고 ④를 한 국자 수북이 떠 놓고 밑이 지글지글 익기
   시작하면 숟가락으로 골고루 얇게 편다.

6 겉면이 거의 마르도록 지지다가 요리 주걱으로 뒤집고 고루 누르면서 마저 익힌 다음 다시
   뒤집어 한 번 더 지지면 기름이 골고루 배어 바삭한 식감을 더해준다.

7 먹기 좋은 크기로 썰어서 접시에 담아낸다.

방아(잎). 배초향(排草香)이 표준어란다. 동북아 분포인데, 한국은 7월에 꽃이 피고 9월에 열매를 맺는다. 한 번 심어놓으면 별 관리가 없이도 잘 자란다. 특히 경상도 쪽에서 생잎이 주로 장어탕, 추어탕, 해물탕, 해물찜 등의 양념이나 전, 장떡, 된장국 등의 재료로 즐겨 쓰인다.

민어. 정약전의 자산어보에 이름을 면어(鮸魚)라고
하고 그 속명을 민어(民魚)라고 하였다. 큰 것은 길이가
4, 5자이다. 몸은 약간 둥글며 빛깔은 황백색이고 등은
청흑색이다. 비늘이 크고 입이 크다. 맛은 담담하고
좋다. 날 것이나 익힌 것이나 모두 좋고 말린 것은 더욱
몸에 좋다. 부레로는 아교를 만든다.

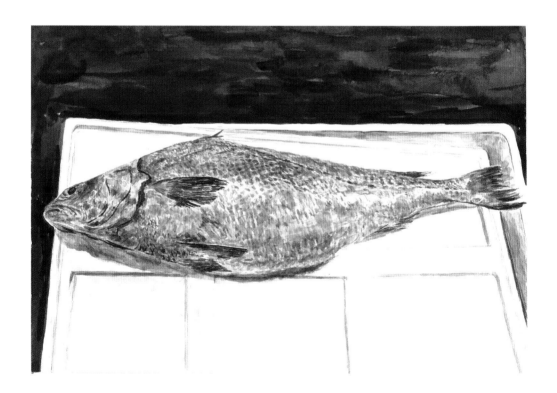

민어요리

민어는 서해바다 생선이다. 내가 태어난 남해바다 쪽은 여러 가지 좋은 생선이 많으나 민어는 보기 어려웠다. 그래서 서울에 와서야 처음 그 맛을 알게 되었다. 옛날에는 많이 잡히는 생선이여서 일반 백성들도 흔히 먹는다 하여 민어(民魚)라는 이름이 붙여졌다 한다.

'생선 보태기'(생선을 아주 좋아하는 사람을 뜻하는 경상도 사투리) 나는 민어를 맛보자마자 금방 그 맛을 알아보았다. 이미 어획량이 많지 않아 민어라면 비싼 생선으로 인식하던 때였다. 명절 때나 웬만한 크기의 민어를 사서 간을 하고 약간 꾸덕꾸덕하게 말리고 쪄서 차례상에 올렸다가 즐겨 먹고는 했다.

생산지는 말할 것도 없고, 서울 사람들이 옛날부터 먹어오던 전통으로 수요가 있는 만큼 비쌀 수밖에 없다. 뒤늦게 맛을 들인 나까지도 끼어들었으니 말이다. 주산지 신안 앞바다 임자도를 끼고 있는 목포에서 맛있는 민어탕을 먹어본 이래 민어요리에 대한 관심이 깊어졌다.

내가 서울 사람 못지않게 민어를 제대로 요리해 즐기기까지 몇 사람 인연이 있었다. 거창한 비유일지도 모르지만 '뜻이 있으면 길이 있다'는 서양 속담대로였다.

30년쯤 전이다. 가까운 지기의 저녁식사 초대에서 예사롭지 않은 민어탕이 나왔다. 그 댁은 내외가 서울 토박이이고, 부인이 음식솜씨 좋기로 호가 나 있는 사람이다. 레시피를 물었더니 가르쳐 주었고, 민어탕의 주양념인 찌개고추장이 맛이 있어야 하므로 직접 담근다는 말을 덧붙였다.

그 뒤 얼마 지나서다. 식도락가에 음식솜씨도 좋은 친구에게 물었다. 그 어머니가 서울의 괜찮은 집안 출신으로 음식솜씨가 좋았다는 말을 들었기 때문이다. 아니나 다를까 자기도 민어탕을 즐기는데 찌개고추장은 어머니한테서 배웠다고 했다. 우리 집으로 초빙해서 그 친구가 만드는 방법을 설명하면서 실습을 같이 했다.

마침 우리 내외가 자주 가다보니 잘 알게 된 노량진 수산시장 수집상 김병선(金秉善, 1960~)씨의 역점 거래 생선이 민어라 했다. 그리고 민어탕에 대해 일가견을 자랑했는데 민어탕은 곰국처럼 두 시간 정도는 끓여야 하고, 민어는 클수록 맛이 있고, 전복을 같이 넣으면 좋다는 설명을 비롯해 중요한 요소들을 가르쳐 주었다. 그를 통해 싱싱하고 질 좋은 산 민어도 살 수 있었다.

이런 행운 같은 인연들을 통해서 내 민어요리 연구가 날개를 달았다. 제철인 여름 복날 즈음이면 민어탕을 즐겨 해 먹음은 물론이고 내가 할 수 있는 최상의 맛을 추구하며 내 나름의 조리법을 보완했다. 이를테면 찌개고추장만 해도 재료 중의 하나인 찹쌀가루를 밀가루로 바꿨다. 재래시장 고추와 엿기름을 취급하는 상점 여주인에게서 배웠다. 요리에 좋은 전통적인 방법은 물론이고 진화하고 있는 요리법의 흐름에 민감한 전통시장 상인에게서 많은 것을 배운다.

민어요리에 어느 정도 자신감이 생길 즈음이었다. 서울 장안 어딘가에 있는 민어요리 전문 식당에서 민어요리 풀코스처럼 다양한 메뉴를 다루고 있다는 정보를 얻었다. 비싼 가격에도 불구하고 공부삼아 가보려고 벼르고 있던 때다. 이미 그 식당 음식을 체험한 동서가 내 요리 정도면 거기 갈 필요가 없고, 어떤 의미에서는 최상의 재료를 쓰는 내 요리가 더 나을지도 모른다 했다. 음식솜씨가 대단한 그녀의 말을 들으니 불현듯 자신감이 생겼다.

그 이래로 여름이면 내 나름의 민어요리 풀코스로 손님을 대접하기 시작해서 여러 이웃들과 더불어 즐기고 있다. 여러 메뉴 중에서 특히 주메뉴에 속하는 민어회와 탕에서 생선이 클수록 맛이 있다는 이론이 틀림없음을 알고부터는 이왕이면 큰 것을 구해왔다. 음식에 관심이 많은 나는 '기쁨은 나누면 더 커지고, 슬픔은 나누면 더 작아진다'는 격언의 묘미를 음식 초대에서 그대로 체험하고 있다. 통과의례인 수고와 공력은 나눔의 즐거움에 댈 게 아니다.

민어탕

재료
민어, 전복, 찌개고추장, 호박, 다진 마늘, 대파, 소금(민어는 최소 3~4kg정도, 더 클수록 좋다)

만들기
1 민어탕은 대구국과 같이 횟감이나 포를 뜨고 남은 대가리와 살, 살이 좀 붙어있는 뼈, 더해서 부레를 제외한 내장을 모두 사용한다. 대가리에 붙은 아가미만 빼고 모든 재료를 먹기 좋은 크기로 토막을 낸다.

2 전복은 국 한 그릇에 하나 들어갈 양만큼 손질해서 씻는다. 먹을 수 없는 끝부분 잇빨만 제거하고 내장이 붙은 채 그대로 쓴다.

3 호박은 길이 1.5cm 정도로 토막 내고 다시 3등분한다. 대파는 충분한 양을 굵게 어슷썰기 한다.

4 국솥에 건더기 양에 따라 가늠한 물을 넣고 끓인다.

5 한 그릇에 1T 정도 비율로 찌개고추장을 푼다. (식성에 따라 양을 조절한다.) (찌개고추장 만들기 참조. 대신 고추장가루2 : 된장1 비율로 대용할 수 있다.)

6 끓을 때 민어와 전복을 넣고 다시 끓으면 중약불에서 1시간 40분을 끓인다.

7 끓기 시작했을 때 애벌 간을 본다. 고추장이 짭짤해 소금을 안 넣기 때문에 그 양에 따라 많이 싱거울 수 있다. 이때는 소금을 넣어 약간 싱거울 정도로 삼삼한 간이 되게 조절한다. 2시간 정도 조리하는 동안 국물이 조려지면서 간이 세지는 것을 감안해서다.

8 끓기 시작해서 30분쯤 지나면 맛있는 국물 냄새가 풍기기 시작한다. 1시간 40분이 지났을 때 호박과 넉넉하게 다진 마늘, 대파를 넣고 10분 끓인다.

9 뚜껑을 열어놓고 마지막 간을 본다. 싱거우면 소금을 넣고, 짜면 물로 조절한다. 간이 딱 맞는 게 제일 좋고, 그 다음이 소금으로 맞추는 것이다.

10 살이 흐물하고 호박도 물컹한 게 정상이다. 민어탕은 국물이 더 중요하다. 전자레인지에서 국사발을 따끈하게 데운 뒤 국을 담는다.

＊ 살이 허물하지 않은 건더기를 원하면 살만 따로 두었다가 국이 다 끓여지기 20분 전에 넣어 마저 끓인다.

민어저냐

재료

민어 살, 소금, 부침가루, 달걀

만들기

'대구저냐(겨울)' 참조

1 살이 많은 등쪽 살을 잘라낸다.

2 30분 쯤 냉동보관해 다루기 좋게 언 상태에서 저냐거리로 포를 뜬다.

3 한 면에만 소금을 약간 뿌린다.

4 부침가루 옷을 입힌다.

5 달걀 물에 담갔다가 달군 팬에 기름을 넉넉하게 두르고 지져낸다.

민어 부레와 껍질.

민어회

재료

민어 뱃살, 몸통 살, 꼬리 부분 살, 부레, 껍질, 얼음 물, 와사비, 간장, 소금, 참기름 장, 풋고추, 오이 등 생선회와 곁들일 수 있는 채소, 된장 양념장, 레몬

만들기

1 몸통 살과 꼬리 부분 살은 그대로 횟감으로 포를 뜬다.
2 뱃살은 껍질 쪽에 끓는 물을 확 끼얹는 동시에 얼음물을 끼얹는다. 살짝만 데치는 조리 방식이
   제일 맛있다.
3 부레는 먹기 좋은 크기로 썰어 끓는 물에 5초 데쳐서 얼음물에 담갔다가 건져 물기를 없앤다.
   냉장고에 넣어 약간 꾸덕꾸덕한 상태로 만든다.
4 회를 뜰 때 벗긴 껍질은 끓는 물에 넣자마자 건져내 얼음물을 끼얹기만 해서 물기를 없앤다.
   냉장고에 넣어 부레와 같은 상태로 만든다. 3과 4는 소금(1)+참기름(2)의 양념장에 찍어 먹는다.
   먹기 30분 전에 꺼내 놓으면 식감이 적당한 상태가 된다.
5 채소를 먹기 좋게 자른다.
6 ①과 ②를 접시에 적당히 담고, ③과 ④는 나란히 담는다. 반달 모양의 레몬을 적당하게 담는다.
   채소는 그 사이사이에 담거나 다른 그릇에 따로 담는다.
7 파슬리나 여름 꽃, 색스른 서양 난초꽃 등으로 장식한다.
8 와사비와 간장, 된장양념(상품 쌈장), 소금 참기름장을 곁들인다.

찜민어

재료

민어, 왕소금(천일염), 식용유

만들기

소금 간을 한 민어를 쪄서 내는 요리다.

1 찜민어는 크기에 따라 '통치'라고 부르는 1kg 짜리가 좋다. 그 밖의 크기도 상관없다. 손질해서
　　내장을 빼고 왕소금으로 간을 해 하룻밤 또는 한나절 재운다. 생기는 물을 맛 봐서 약간
　　짭짤하면 된다.

2 약간 꾸덕꾸덕하게 건조시킨다. 여름 기후에 여의치 않으면 작은 소쿠리나 채반에 얹어
　　냉장고에서 건조시킬 수 있다. 앞뒤로 뒤집어가면서 3일 정도 건조시킨다.

3 찜통기 물이 끓기 시작하면 민어를 앉히고 약 15분 찐다. 익은 생선은 냄새로 알 수 있지만
　　미심쩍으면 젓가락으로 살을 찔러 본다. 익었을 때는 그냥 쑥 들어간다.

4 소쿠리에 담아 식힌 뒤에 들어낼 때는 껍질이 떨어지지 않게 조심한다. 민어 껍질은 아교 성분이
　　있어서 응고되기 때문이다. 뜨거운 채 자르면 살이 부스러진다.

5 도마 위에 올려놓고 먹기 좋은 크기로 자른다.

6 먹고 남은 민어를 다시 상에 올릴 때는 전자레인지보다는 프라이팬을 사용하는 게 좋다. 달구어진
　　팬에 식용유를 약간 두르고 민어를 넣은 뒤, 뚜껑을 덮고 약불에서 3~4분 지지고, 뒤집어서는
　　뚜껑을 열고 1~2분 더 지져낸다.

민어양념구이

재료

민어 1마리(손질한 뒤 400g 정도), 소금·식용유 적당량씩

양념 들기름·맛술·다진 파 1T씩, 술 1/2T, 국간장·다진 마늘·생강즙 1t씩, 통깨 약간

만들기

1 민어는 대가리를 자르고 내장을 뺀 뒤 도톰하게 포를 뜬다.

2 포를 뜬 민어는 소금물(소금 1 : 물 10)에 20분 정도 담갔다가 건져 바람이 잘 통하는 곳에서
   1시간 정도 말린 다음 넓게 저민다.

3 양념 재료를 한데 섞어 양념장을 만들고 ②의 민어를 넣어 조물조물 무친다.

4 달군 팬에 식용유를 약간 두르고 조심스럽게 민어를 굽는다.

✻ 생선을 손질한 뒤 소금물에 담그면 간이 배고, 바람에 말리면 살이 단단해져 조리할 때 쉬이
   부서지지 않고 식감도 좋다.

《 장어국 》

누구에게나 자신만의 소울푸드(soul food, 靈食)가 있을 것이다. 나의 소울푸드, 나의 '영식' 가운데 하나인 장어국은 내 고향 쪽 여름 보양식이다. 외할머니가 끓이던 장어국은 정말 일품이었다. 어느 해인가 나는 큰 국사발로 두 그릇을 먹고는 포만감을 감당하기 어려워 배가 꺼질 때까지 누워 있었던 적이 있었다. 요리에 어느 정도 문리가 터지자 어머니에게 묻고 그 맛 기억을 더듬어 습득한 끝에 지금은 나의 장기 음식이 되었다.

소울푸드는 직역하면 '영혼을 울리는 음식'이란 말인데, 몸과 더불어 혼을 살찌우는 음식이라고 정의할 수도 있다. 아주 좋아하는, 잊히지 않는 음식으로서 먹는 즐거움과 동시에 행복감을 줄 뿐만이 아니라 시름까지 달래주는 음식이겠다.

어느해 여름 뉴욕에서 온 셰프 딸이 장어국을 끓여달라 했다. 어릴 적부터 그 국을 먹고 자라서 그런지 여름이 되면 생각이 난단다. 딸에게도 역시 소울푸드가 된 것이다. 엄마 요리책 개정판에 그 레시피를 꼭 넣어야 한다는 말도 덧붙였다.

간단한 레시피는 아니다. 그러나 웬만하게 요리를 하는 사람에겐 많이 어렵지 않으면서 아주 유익하다. 장어를 바탕으로 여러 가지 채소가 들어가는 장어국은 그래서 보양식이자 건강식인 것이다.

장어. 보통 민물장어와 바다장어로 구별한다. 민물장어는 뱀장어가 제 이름이다. 바다에서 태어나서 실장어라 불리는 시기에 강을 찾아서 성장하며 살다가 다시 먼바다로 나가서 산란하고 죽는다. 바다장어는 종류가 많은데 흔히 한국에서는 붕장어, 일본에서는 아나고라고 불리는 종이 가장 많이 알려져 있다.

장어국

재료

바다장어 1kg, 데친 숙주, 얼갈이배추, 머위대 400g씩, 방아잎 40~50g, 대파 3대, 찹쌀가루 1.5C

양념 된장 4T, 다진 마늘 4T, 산초(제피)가루 1/2T

양념장 다진 청·홍고추, 멸치 액젓(까나리 액젓)

만들기

1 솥에 물 4.5L를 잡고 끓으면 장어를 손질해서 토막낸 살덩어리와 추려낸 뼈를 함께 넣는다.
   끓기 시작하면 중약불로 낮추고 2시간 푹 끓인다. 이때 국물이 2/3쯤으로 줄어든다. 뼈는
   건져서 버리고 흐물흐물해진 건더기만 국자 같은 것으로 으깨서 체에 내린다. 체에 남은
   건더기는 맹물을 부어 마저 내린다. 국물이 다 합해서 4.5L쯤 되게 부족한 물은 보충한다.

2 숙주는 데쳐서 찬물에 담갔다가 건져내고, 얼갈이배추는 데쳐서 2cm 길이로 썬다. 머위대는
   삶아서 굵은 것은 반으로 쪼개고 5cm 길이로 썬다. 볼에 모두 합해서 담고 된장을 넣어
   조물조물 무쳐 놓는다.

3 ①의 장어 국물이 끓을 때 ②를 넣어 머위가 적당히 익을 때까지 5분 정도 끓인다. 이때
   국물이 삼삼해야 적당하다. 다진 마늘과 어슷썰기한 대파를 넣고 한소끔 더 끓이면서 굵게 채
   썬 방아잎과 산초가루를 넣고, 끓는 가운데 찹쌀가루를 뿌려 국자로 저으면서 국물이 약간
   까룩해지면 소금으로 간을 맞추고 마무리한다.

4 청·홍고추에 액젓을 소량 넣고 양념장을 만들어 국에 곁들여 낸다.

---

* 방아잎과 산초가루는 장어의 비린내를 잡아주면서 장어국 고유의 맛을 내는 필수 재료다.

* 산초가루는 재래시장에서 살 수 있다.

장어덮밥

재료

민물장어 1마리, 청주, 대파(흰 부분 1대), 생강, 통마늘, 청량고추 1/2개, 다시마 손바닥 크기 1장
양념장 간장 1/3C, 맛술 1/3C, 설탕 2T, 물엿 2T

만들기

1 손질한 장어를 두 토막 낸다. 도마 위에 껍질 부분이 위로 가게 올려놓고 뜨거운 물을 끼얹어
   비린내를 없애고, 곧바로 찬물에 넣었다 건져낸다. 칼로 표면에 있는 진액을 긁어내고 종이로
   물기를 닦는다. 표면에 0.5cm 칼집을 낸 뒤 청주를 뿌려 15분 동안 재워둔다.
2 생강은 채 썰어 물에 담갔다가 체에 받쳐둔다.
3 **양념장 만들기:** 센불에서 타기 적전까지 대파, 저민 생강 4쪽, 통마늘 4개 저민 것, 청량고추 반
   개를 굽는다. 바로 양념장 재료를 넣은 뒤 중약불에서 15~20분 끓여 체에 밭친다.
4 다시마 우린 물로 밥을 짓는다.
5 중불로 달군 팬에 식용유를 두르고 생선살이 하얗게 될 정도로 살짝 애벌구이 한다. 이때 껍질
   쪽부터 먼저 굽는다.
6 양념장을 3번 나눠서 발라 양념장이 타지 않게 생선을 돌려가며 굽는다.
7 적당한 크기로 썰어 밥 위에 얹고 채 썬 생강을 그 위에 곁들여 얹는다.

---

* 요즘 큰 시장 장어가게는 손질에 애벌구이까지 해주어 편리하다.
* **다시마물:** (다시마 5×5cm 4장, 물 4C) 다시마를 물에 20분 정도 담갔다 중약불에서 끓이다가
   물 가장자리에 보글보글 기포가 생기기 시작할 때 불을 끄고 다시마를 건져낸다.

대구알젓감자전

재료(4인분)

감자 400g, 부추 40g, 대구알젓 40~50g, 식용유

만들기

1 감자는 껍질을 벗기고 강판에 갈아서 체에 내린다. 국물은 가만히 두어 앙금을 가라앉힌 다음 물만 따라 버린다.

2 볼에 감자 간 것과 앙금, 잘게 썬 부추, 대구알젓을 담고 잘 섞는다.

3 팬에 식용유를 두르고 ②를 지름 4cm 정도 크기로 빚어 지진다.

---

* 대구알젓은 명란 한 주머니로 대용할 수 있다. 주머니를 길게 칼집을 내고 뒤집어 알만 빼낸다.

* 겨울철 집에서 담은 대구알젓은 겨우내 먹고, 얼마쯤은 남겨 냉동보관해두고 달걀말이나 달걀찜에 섞기도 하고, 대구알젓뭇국, 하지감자가 맛있는 여름에는 대구알젓 감자전을 만들기도 한다. 집에서 소금만 넣고 만든 대구알젓은 명란젓보다 더 풍미가 있다.

* 대구알젓 감자전 두어 점에다 더덕무침을 곁들이면 별미 전이 된다.

   더덕무침: 더덕 50g을 껍질을 벗겨 반 쪼갠 다음 방망이로 밀어 납작하게 만든 뒤 3cm 길이로 잘라서 가늘게 찢는다. 여기에 고추장 1/2T, 고춧가루 1/2t, 설탕 1/2t, 다진 마늘 1/2t, 식초 1t, 참기름 1/4t를 넣고 무친다. (접시에 담고 송송 썬 쪽파를 뿌려 장식하면 좋다.)

감자. 사철 만날
수 있지만 6월부터
10월까지가
제철이다.

감자샐러드(일본식)

재료

감자 3개, 달걀 2개, 오이 1/2개, 양파(대) 1/4개, 햄 2장, 소금

양념 마요네즈 3~4T, 소금 1/2t, 후춧가루

만들기

1 감자는 깨끗이 씻어 껍질째 찐 뒤 뜨거울 때 껍질을 벗겨 으깬다.

2 냄비에 물과 달걀, 소금을 넣고 완숙으로 삶은 뒤 찬물에 식혀 껍질을 벗겨 놓는다.

3 오이는 반으로 잘라 얇게 썰고 양파는 얇게 채 썬다. 각각 소금에 10분 정도 절인 뒤 꼭 짜서
   물기를 빼고 햄은 정사각형 모양으로 작게 썬다.

4 감자가 식으면 ③과 양념 재료를 모두 넣고 섞는다. 그릇에 담고 삶은 달걀흰자는 굵게
   슬라이스하고 노른자는 부수어 위에 얹는다.

※ 햄 대신 삶은 문어 다리를 잘라 넣으면 영양과 맛이 더 풍부한 스페인풍 감자샐러드가 된다.

※ 냉장고에 며칠 저장해두고 샌드위치에 이용해도 좋다.

감자전

재료

감자(중) 3개, 양파(중) 1/4개, 소금 1/2t, 전분 1/2C

만들기

1 감자는 껍질을 벗겨 물에 10분 담가 전분을 없앤 뒤 강판에 간다.

2 양파도 강판에 간다. (감자의 갈변을 방지하고 전의 맛을 돋운다.)

3 ①과 ②를 섞고 소금과 전분을 넣어 잘 섞는다.

4 달구어진 팬에 기름을 넉넉하게 두르고 ③을 제법 도톰하게 앉히고 가장자리가 노릇할 때 뒤집는다. 바깥은 바삭하고 안은 쫀득해야 제격이다.

문어다리 숙회와 해초무침.

해파리냉채

해파리냉채

재료

해파리, 오이, 소고기 사태살, 새우(중), 소금, 설탕, 간장, (통후추, 통마늘)

겨자소스 다진 마늘 2, 연겨자 1, 식초 2, 설탕 2~3, 물 1의 비율

만들기

1 염장된 해파리는 물에 두세 번 씻는다. 물을 갈아주면서 40분~1시간 물에 담갔다가 건진다.
   끓는 물에 소량의 찬물을 넣은 다음(90도가 된다) 해파리를 살짝만 데쳐서 체에 밭친다. 식초
   2~3, 설탕 2, 다진 마늘 1의 비율로 버무려 냉장고에 보관한다. (시간이 넉넉하면 하루 정도
   숙성시키면 좋다.)

2 간장, 설탕, 물을 1 : 1/2 : 5의 비율로 잠길 정도의 양을 만들어 사태살을 넣고 뚜껑을 연 채로
   2시간 정도 중약불에서 끓인다. 이때 통후추와 통마늘을 넣으면 좋다. (시간이 부족하면
   뚜껑을 닫고 1시간 끓인다.) 고기는 식혀 냉장 보관해 단단하게 만든다. (하루 정도 냉장
   보관했다가 쓰면 좋다.) 식힌 고기는 저민다.

3 오이는 채 썰어 얼음물에 담갔다 물기를 빼고 비닐봉지에 담아 냉장고에 보관한다. 배는 채
   썬다. (그릇에 담기 직전에 썰어 갈변이 되지 않게 한다.)

4 손질한 새우는 소금을 약간 넣고 삶아 두세 쪽으로 포를 뜬다.

5 차가워진 오이채와 해파리를 섞고 겨자소스로 버무린다.

6 접시도 차갑게 준비했다가 가운데 새우를 소복하게, 저민 사태는 길게 나란히 담고, 그 밖에
   버무려 놓은 오이와 해파리, 배도 함께 색스럽게 담는다. 필요하면 사태를 제외하고 나머지 재료
   위에 겨자소스를 끼얹는다.

《 가지 요리 》

여름 제철 채소 가운데 '가지 요리'는 내게 과제였다. 싱싱하면서 싼 가지를 많이 먹고 싶은데 내가 조리한 가지 음식을 식구가 즐겨 먹지 않고, 내 구미에도 당기지 않았다. 가지 같이 색깔이 짙고 선명한 채소가 특히 몸에 좋다는 사실을 알곤 안타깝게 여겼던 만큼이나 가지를 식재로 하는 요리에 관심을 두게 됐다.

그동안 내가 선호했던 조리법은 한식으로 '가지나물'이나 '가지찜'이 고작이었다. 튀김은 우선 기름을 과다하게 섭취한다는 선입견에 번거로운 탓으로 마음이 내키지 않았던 조리법이었다.

굽거나 태우는 방식을 터득하면서 내 가지요리에 물꼬가 터졌다. 구우면 자체의 수분으로 익어 더욱 진한 맛이 난다는 것을 알았기 때문이었다. 게다가 연한 훈연향이 배인 가지는 간장 한 가지 양념만으로 훌륭한 반찬이 된다.

더위를 식히는 음식으로 오이냉국과 함께 빼놓을 수 없는 가지냉국도 약간 업그레이드해서 즐기게 됐다. 구운 가지와 양념해서 구운 항정살을 배합한 반찬은 그 맛이 그윽하다. 손님상에 내도 손색이 없다.

가지. 원래 인도와 인도차이나 반도가 원산지인 열대 채소이다. 장염이나 간경화증 완화에 효과가 있고, 유선염에도 좋다고 알려져 있다. 탄 음식에서 나오는 발암물질을 억제하는 효과가 크다는 일본 학자의 논문도 있다.

구운가지무침

재료

가지 2개, 생강 1톨, 가쓰오부시 적당량, 일본제 생간장(시판품) 약간

만들기

1 가지는 양 끝을 잘라내고, 생강은 얇게 채 썰어 물에 담갔다 체 밭친다.
2 가지를 3등분하고 다시 세로 반으로 잘라 석쇠에서 중불로 굽는다. 가지에서 물이 나오고 껍질이 완전히 타면 불을 끄고 식힌다.
3 탄 껍질은 벗겨 내고 속살만 먹기 좋게 찢는다.
4 가지 위에 물기를 제거한 생강과 가쓰오부시를 얹고 생간장을 식성에 맞게 뿌린다.

가지냉국

재료

가지 3개, 다시마멸치육수 5C, 홍고추 1/4개, 문어 숙회, 국간장, 소금
가지 양념 국간장, 다진 파, 다진 마늘

만들기

1 가지는 씻어 껍질을 벗긴다. 길이로 4등분해 반 가른 뒤 김 오른 찜통에 7분 정도 찐다.
2 찢거나 썬 가지를 양념한다.
3 다시마멸치육수는 국간장과 소금으로 간하여 차게 식힌다.
4 그릇에 가지를 담고 찬육수를 부은 뒤 송송 썬 홍고추와 문어숙회를 올린다.

가지튀김

재료

가지, 튀김기름, 전분, 튀김가루

양념장 간장 1T, 식초 1T, 물 0.5T, 설탕 1t, 고춧가루 소량

만들기

1 가지는 길이로 반 자른 다음 각각 한입 크기로 3~4등분한다.

2 튀김가루 5, 전분 2 비율에 물 적당량을 넣고 저어 까룩한 튀김 물을 만든다.

3 튀김 물로 무치다시피 한 가지를 한꺼번에 180도 튀김기름에서 금방 튀겨낸다.

4 양념장에 찍어 먹는다.

튀긴가지무침

재료

가지, 식용유(튀김용), 전분

양념장 간장 적당량, 다진 마늘 소량, 다진 파, 고춧가루, 깨소금, 참기름

만들기

1 가지는 크기에 따라 3~4등분하고 다시 길이로 4등분 한 다음 전분을 얇게 입힌다.

2 프라이팬에 식용유를 넉넉하게 두르고 약 180도에서 튀기듯이 금방 구워낸다.

3 ②를 양념장에 살짝 버무려서 그릇에 담거나 그릇에 먼저 담고 양념을 끼얹는다.

＊ 전분이 꽤 많은 기름을 흡수하므로 될 수 있는 한 소량의 전분을 사용한다.

가지와 차돌박이구이

재료

가지 1개, 차돌박이 200g, 식용유, (어슷하게 썬 쪽파)

된장소스 된장 30g, 맛술 1T, 꿀 1t, 청주 1/2T, 참기름 1/4t

차돌박이 양념 간장 2t, 설탕 1t, 배즙 1T, 마늘즙 1/2t, (파인애플즙 1/3T), 후춧가루, 참기름 1/2t

만들기

1 가지는 2cm 두께로 썰어서 팬에 식용유를 두르고 은근하게 굽는다.

2 된장에 맛술과 꿀, 청주를 넣고 끓이다가 참기름을 섞는다.

3 차돌박이는 밧드에 놓고 준비된 분량의 재료를 섞은 양념을 끼얹어 앞뒤로 골고루 묻혀 굽는다.

4 구운 가지에 된장소스를 얇게 바르고, 그 위에 차돌박이 구운 것을 얹은 뒤 어슷하게 썬 쪽파를 올린다. 두 겹으로 쌓아도 좋다.

가지와차돌박이구이.
구운 가지에 된장소스를
얇게 바르고, 그 위에
차돌박이 구운 것을 얹은
뒤 어슷하게 썬 쪽파를
올린다. 두 겹으로
쌓아도 좋다.

월과채

재료(4인분)

애호박 1개, 표고버섯 50g, 목이버섯(불린 것) 50g, 쇠고기 50g, 식용유, 참기름, 잣가루

찹쌀전병 찹쌀가루 1/2C, 끓는 물 2t 정도, 소금 약간

쇠고기 양념 간장 1/2t, 설탕 1/3t, 다진 마늘 1/4t, 다진 파 1/3t, 참기름 1/4t, 후춧가루

만들기

1 찹쌀가루를 익반죽한 다음 반 갈라 밀대 모양으로 만들고 3cm 폭으로 늘려 모양을 잡는다. 팬에 식용유를 약간만 두르고 반죽을 지진 뒤 식혀서 굵게 채 썬다. 이때 잣가루를 묻혀두면 들러붙지 않는다.

2 애호박은 길이로 반 잘라 씨 부분을 숟가락으로 긁어내고 눈썹 모양으로 얇게 썰어 소금에 10분 절인 다음 손으로 지그시 짠다. 이때 생기는 물은 1T 정도 받아둔다. 팬에 식용유와 참기름을 섞어서 약간만 두르고 받아둔 물을 애호박과 섞어 볶으면 맛과 향을 더욱 살릴 수 있다. 볶은 애호박은 부채로 부치거나 냉동실에 넣어 잠시 식히면 아삭한 식감이 살아난다.

3 표고버섯은 밑동을 잘라내고 납작하게 썬다. 팬에 식용유와 참기름을 섞어서 약간만 두르고 볶은 다음 소금으로 간해 식힌다.

4 목이버섯도 같은 방법으로 볶고 소금으로 간한 다음 바로 양념한 쇠고기를 섞어 쇠고기가 익을 때까지 고루 볶아서 식힌다. 쇠고기 물이 배어들면 목이버섯 맛이 더 좋아진다.

5 볼에 ②, ③, ④와 찹쌀전병, 잣가루를 넣고 살살 섞어서 그릇에 담는다.

《 월과채 》

월과는 조선시대에 식재료로 사용하던 박과의 둥근 호박이다. 현대에는 월과를 구할 수 없어 그것과 비슷한 애호박을 쓴다.

여름 잡채인 월과채는 부드러운 채소와 쫄깃한 전병의 식감이 만나 어우러진 별미 음식이다. 애호박과 버섯을 볶을 때는 소량의 기름을 사용해서 재료 각각의 식감과 맛을 담백하게 만들어야 한다. 애호박은 절여서 살짝 물기를 짠 뒤 볶을 때 짠 물을 넣고 볶아 본연의 향을 살린다.

애호박. 덜 여문 호박이 애호박이다. 익지 않아 씨가 여물지 않은 상태의 호박으로 된장찌개만이 아니라 나물, 전, 고명 따위로 두루 쓰인다.

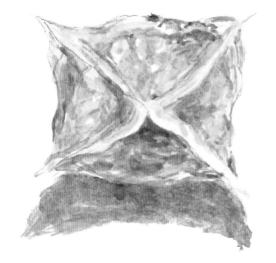

편수. 개성지방에 전해오는
만두이다. 일반 만두와 달리
모양이 네모이다. 소를 쇠고기에
오이·호박·버섯·달걀지단·실백
따위를 섞어서 담백하게 만드는
점도 특징이다. 삶아서 국물 없이
초간장에 찍어 먹기도 하고,
차게 식힌 양지머리 삶은 물에
띄워 먹기도 한다.

《 편수(片水) 》

　　편수는 네모난 모양이 마치 물 위에 떠 있는 조각 같다고 해서 붙은 이름이다. 소에 들어가는 애호박이 여름 채소이므로 여름철 음식으로 분류한다.

　　쪄서 그대로 먹거나 차가운 장국을 부어 먹는다. 만두소를 넣을 때 소고기와 표고버섯을 섞어서 아래에 놓고 애호박을 그 위에 얹어 빚으면 얇은 만두피에 초록 빛깔이 비쳐서 곱다.

편수

재료
만두피 12장, 쇠고기 40g, 표고버섯(채썬 것) 20g, 애호박(채썬 것) 120g, 잣 1t, 소금, 식용유
양념장 간장 1과 1/3t, 설탕 1/2t, 다진 마늘 1/4t, 다진 파 1/2t, 후춧가루, 참기름 1/4t

만들기
1 쇠고기, 표고버섯은 채 썰어 분량의 양념장을 각각 절반씩 넣고 잰다. 팬에 쇠고기를 먼저 넣고
  볶다가 약간 덜 익힌 상태에서 표고버섯을 넣고 어우러지게 볶아서 식힌다.
2 애호박은 3cm 길이로 토막내 돌려 깎은 뒤 채썰어 소금에 절였다가 물기를 짠다. 이때 짜낸
  물은 받아둔다.
3 팬에 식용유를 약간 두르고 애호박을 재빨리 볶다가 애호박 짠 물 1T를 넣고 볶아서 접시에
  쏟아 펼쳐 식힌다.
4 만두피를 정사각 모양으로 잘라 가장자리에 물을 바르고 잣을 세 알 얹은 다음 ①을 넣고,
  그 위에 ③을 얹어서 네 꼭지를 모아 붙여 네모나게 만든다. 김이 오른 찜통에 넣고
  4분 정도 찐다.

---

* 만두소를 넣을 때 쇠고기와 버섯을 섞어 아래에 놓고 애호박을 얹어 빚으면 얇은 만두피에 초록
  빛깔이 비쳐서 좋다. 쪄서 그대로 먹거나 장국을 부어 먹는다.

열무얼갈이김치

재료

열무 1단, 얼갈이배추 1단, 쪽파 적당량, 생 홍고추 7개, 고춧가루 1.5T, 찹쌀가루 1/2C,
설탕 1/2T, 다진 마늘 2T, 생강즙 1/2T, 멸치액젓 약 1/2C, 소금 1/2C

만들기

1 열무와 얼갈이배추는 7cm 길이로 썰어 두세 번 씻는다. 소금을 5~6 차례 나눠서 켜켜 뿌린
   뒤 물 한 C을 솔솔 뿌리고, 맨 윗층의 씻겨내려간 소금만큼 더 뿌려 소금이 녹으면서 절여지게
   한다. 열무와 얼갈이배추는 세게 씻으면 풋내가 나므로 조금씩 살살 씻는다.

2 찹쌀은 씻어 불려서 물 2.5 C으로 갈아서 풀을 쑤어 식혀놓는다.

3 홍고추는 씨를 뺀 다음 씻고 잘게 썰어 멸치액젓 1/2 C과 믹서기에 간다.

4 소금을 뿌려 절인 열무와 얼갈이는 40분 뒤에 뒤집어 준다. 30분 더 절인 뒤 두 손으로 가만히
   건지고, 소금물은 별도로 남겨 놓는다. (절인 재료는 더 씻지 않는다.)

5 ④에다 ②와 ③, 쪽파(4cm 길이로 썬 것), 고춧가루, 다진 마늘, 생강즙, 설탕을 넣고 버무린다.
   (서너 시간 지나 후간을 봐 싱거우면 남겨둔 소금물을 보태고 짜면 생수를 보태 간을 맞춘다.)

열무. 채소 중에서도 특히 섬유질이 풍부한
채소로 꼽힌다. 예전에는 어린 무의 싹을
일컬었으나 요즘은 따로 개량되었다.
김치로 먹는 것이 가장 일반적이고,
그 김치로 국수를 말아먹기도 한다.

열무물김치

재료

열무 1단, 쪽파 1줌, 풋고추 7개, 홍고추 3개, 통마늘 12개, 생강 1톨(25g), 절임용 소금 70g,
양념소금 2.5T, 늘보리쌀 1/3C

만들기

1 늘보리쌀을 씻어 물 5C과 함께 냄비에 넣고 끓으면 약불에서 보리쌀이 충분히 퍼질 때까지
   50분쯤 푹 끓여서 식혀 둔다.

2 열무는 다듬어 5~6cm 길이로 잘라서 대야에 담고 수돗물을 충분히 받아 부은 다음 손으로
   가만히 살랑살랑 씻어 체에 밭친다. 씻어낸 물에 가라앉는 흙이 보이지 않을 때까지 같은
   방법으로 1~2회 더 씻는다. (세게 씻으면 풋내가 난다.)

3 대야에다 열무를 3~4 켜켜로 소금을 솔솔 뿌린다. 맨 위에 물 한 C을 골고루 뿌리고, 씻겨
   내려간 만큼 소금을 더 뿌려 소금이 녹으면서 열무가 잘 절여지게 한다. 25~30분 뒤에 뒤집어서
   20분 정도 더 절인 다음 씻지 말고 열무만 체에 밭친다. 밑에 남은 짠물은 그릇에 담아둔다.

4 열무를 절이는 동안 양념을 준비한다. 쪽파는 3cm 길이로 썰고, 생강과 마늘은 저미고,
   풋고추와 홍고추는 어슷썰기한다.

5 삶은 늘보리쌀은 생수와 함께 믹서에 넣고 갈아서 체에 밭친다. 덜 갈려 체에 남은 보리는
   같은 방법으로 갈아 체에 밭친 보리쌀 물이 2.5L 정도가 되게 한다.

6 김치통에 절인 열무 1/3 양을 담은 위에 ④의 양념 1/3 양만큼 얹는다. 같은 방법으로 3켜로
   양념을 얹는다.

7 ⑤의 보리쌀 물에 소금을 넣고 잘 녹여서 ⑥에 붓는다. 국물 맛을 봐 약간 간간해야 익었을 때
   간이 맞는다.

8 2시간쯤 뒤에 후간을 본다. 김칫국물이 싱거우면 ③에서 남겨 둔 짠물을 보충하고, 짜면
   생수로 간을 맞춘다. 표면에 기포가 생기면 익었다는 표시다. 한여름에는 하루 정도면 익는다.

---

* 한여름 음식인 열무물김치에는 찹쌀보다 찬 성질인 늘보리쌀이 제격이다.

돼지고기여름편육

재료

돼지 삼겹살 500g, 돼지 목살(또는 돼지 사태) 500g, 대파 1대

편육 삶기 부재료 마늘 5개, 대파 잎 부분, 양파 1/2개, 생강 10g, 통후추 10알, 건고추 1개, 된장 1T, 소금

만들기

1 돼지고기는 반나절 정도 물에 담가 핏물을 뺀다.

2 끓는 물에 돼지고기를 덩어리째 잠깐 넣었다가 꺼낸다.

3 냄비에 넉넉하게 물을 붓고 편육 삶기 부재료를 넣어 10분 끓인 뒤 2의 삼겹살과 목살을 넣어 45~50분 삶는다.

4 돼지고기를 꺼내 흐르는 찬물에 헹구고 면포로 감싸 무거운 것으로 눌러 식힌다.(10~15분 정도)

5 대파 뿌리 쪽 흰 부분은 가운데 심을 제거하고 4~5cm 길이로 가늘게 채 썰고, 찬물에 헹궈 물기를 뺀다.

6 편육은 되도록 얇게 저며 접시에 담고 채 썬 대파를 곁들인다. (새우젓을 곁들여도 좋다.)

《 돼지고기여름편육 》

　　편육은 고기를 연하게 삶아 눌러 식힌 뒤 적당한 크기로 썰어 먹는 요리다. 고기 자체의 담백하고 순수한 맛을 즐기는 한식의 건강 조리법 가운데 하나다.

　　경남 (진주시) 지수면 허씨댁 내림 음식인 이 요리는 같은 조리법이되 눌러 식힌 뒤 얇게 저며 여러 장을 함께 먹을 수 있도록 했다. 사계절 음식이지만 특히 여름은 담백한 맛으로 그에 어울리는 채소를 곁들여 영양가 좋은 고급스러운 요리로 연출할 수 있다.

　　그런 채소는 보통 가늘게 채썰어 찬물에 헹궈 물기를 뺀 대파가 제격이다. 단 여름에는 약간 억세므로 가운데 심을 빼고 될 수 있는 한 가늘게 썰어야 한다.

항정살부추찜

재료

돼지고기 항정살 500g, 부추 1줌 분량, 양파 1/2개, 마늘 5쪽, 생강 1개(10g), 홍고추 1/4개,
정종 1T, 소금·후춧가루 약간씩
양념 재료 간장 2T, 멸치액젓·꿀 1t씩, 올리고당 1T, 물 1/2C

만들기

1 항정살은 소금, 후춧가루로 밑간을 하고 정종을 뿌린다.

2 양파는 채 썰고 생강은 얇게 어슷썰기해 항정살 위에 올리고 김이 오르는 찜통에 올려 20분간 찐다.

3 쪄낸 항정살은 먹기 좋은 크기로 썬다. 마늘은 편으로 썰고 홍고추는 송송 썬다.

4 양념 재료를 모두 섞어 팬에 붓고 마늘도 함께 넣어 끓인다. 한 번 끓어오르면 ③의 항정살을
 넣고 양념을 끼얹으면서 보기 좋게 갈색이 될 때까지 3~4분 익힌다.

5 부추는 다듬어 깨끗이 씻은 다음 끓는 물에 살짝 데쳐 5cm 길이로 썬다. 접시에 부추를 담고
 ④의 고기를 올린 뒤 홍고추를 고명으로 올려 낸다.

---

* 식성에 따라 삼겹살을 써도 된다. 항정살보다 10분 더 찐다.
* 돼지고기를 익힐 때 양파를 넉넉히 넣으면 양파의 단맛이 고기의 누린내를 없애주는 역할을 한다.

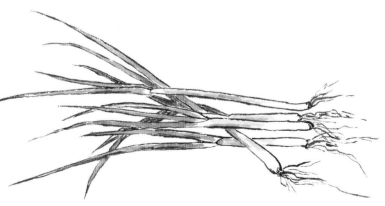

대파. 뿌리부터
줄기까지 버릴 것 하나
없는 채소다. 몸을
따뜻하게 해서 열을
내리고 기침이나 가래를
없애준다고 민간에서
감기 치료제로도 오래
사용해왔다.

가을음식

가을 두 배 즐기기

　"결실의 계절"이란 별칭답게 가을 먹거리 식재는 열매나 뿌리채소가 많다. 음식의 격을 올리는 잣·밤·은행·배 등과 더불어 토란·더덕·연근 등이 있다. 맛과 희귀함으로 품격이 높은 송이버섯을 비롯하여 표고버섯, 능이버섯 등 버섯 여럿의 계절이기도 하다.

　'봄 도다리, 가을 전어'란 말대로 전어는 가을 시어(時魚: 그 철에 최고 맛 나는 생선)이다. 산란기라 뱃살에 기름이 가득 밴 상태다. 전어는 여름 끝 무렵이면 나타나 비교적 오래 즐길 수 있다.

　육류 음식은 단백질 급원으로 그만이다. 그럼에도 내가 강조하는 제철 식재로 거의 들먹이지 않는 것은 철이 특별히 따로 없어서다. 육류 음식은 갈비·불고기·돼지고기편육 등 널리 알려진 음식은 물론, 소고기 스키야키·소고기 다타키·스테이크·돼지고기 샤부샤부 같은 글로벌 음식까지 사철 맛과 영양을 골고루 갖춘 식단에 늘 빠뜨리지 않는다.

　뿌리채소는 맛과 영양에 견주면 값은 아주 싸다. 맛과 질에 상관없이 손질하기 번거롭다 여기면 사기가 꺼려진다. 자연히 수요가 떨어진다. 아니, 손질 요령을 익히면 제철 좋은 음식을 값싸게 몇 배로 즐길 수 있다. 토란과 더덕이 대표 보기다.

옛적에 맛과 영양이 뛰어난 토란은 귀한 음식으로 한가위에나 먹었단다. 토란은 씻어서 끓는 물에 잠시 데친 뒤 찬물에 문지르면 독성이 있는 껍질이 술술 벗겨짐과 동시에 미끈거림도 사라진다. 국이나 조림, 심지어는 그냥 고구마같이 삶아 먹어도 쫀득하게 차지면서도 부드러운 식감에다 특유의 맛도 즐길 수 있다.

더덕은 예나 지금이나 바로 약재로 친다. 역시 물에 씻어 나선형으로 돌려가며 껍질을 벗긴다. 간편하게는 필러로 벗긴다. 세로로 반 갈라 젖은 보자기 사이에 놓고, 밀대로 밀거나 방망이로 자근자근 두들겨 납작하게 만들면 손질이 끝난다. 고추장양념구이·튀김(섭산삼), 초고추장무침 등 싱싱할수록 쌉싸래한 맛이 깔린 특유한 풍미와 식감으로 더 그윽해진다.

전어는 손질하고 3장뜨기 한 뒤 살만 썰거나 뼈째 썰어서 횟감을 만든다. 전어는 와사비 간장보다는 된장 양념과 더 잘 어울린다. 구이로는 내장을 그대로 둔 채 구워야 제맛이다. 그때그때 양파·깻잎·상추·무채·무순·쪽파·청고추·홍고추 등에 배채나 사과채를 섞어서 다양하게 무치거나 쌈을 싸서 먹는다. 가을 만끽이요 만점이다.

전어회

재료

전어, 된장양념, 레몬 ('병어회(봄)' 참조)

만들기

전어는 비늘을 치고 물로 가볍게 씻은 뒤 대가리를 잘라내고 뱃살 쪽을 1cm 폭으로 잘라 내장을 뺀 다음 칫솔로 나머지 이물질도 제거한다. 물로 깨끗이 씻어 종이타월로 배 속까지 물기를 잘 닦아 낸다. 뼈를 발라내고 5~6mm 사선으로 길게 썰거나 뼈를 둔 채 단면을 4~5mm 두께로 썬 두 종류의 회로 장만할 수 있다. 전어회는 된장양념장과 잘 맞다. 상품으로 나온 쌈장에 참기름을 넣고 섞으면 좋다. 식성에 따라 슬라이스한 레몬을 곁들인다.

《 전어요리 》

'생선 보태기'인 나는 가을이 온다 싶으면 제일 먼저 생각나는 음식이 전어다. 가을 전어 철에는 '집 나간 며느리도 돌아온다.'는 말이 있다. 그만큼 맛이 좋다는 뜻이겠다. 하지만 맛있는 음식은 나눠 먹을수록 더 좋거니와 그런 맛있는 음식을 며느리와 나누지 않았길래 집을 나가게 한 부덕(不德)이 분명해서 듣고 말하기가 좀 씁쓸하다. 가난의 문화에서 생겼다고 짐작하는데, 그렇다면 지금은 폐기처분 해야 할 속담이 아닐까?

각설하고, 전어만큼 시쳇말로 가성비가 높은 식재는 드물다. 게다가 요즘은 생산지와 직거래해 판매하고 있는 대형 마트(이마트 등)에서 싱싱한 전어를 살 수 있다.

전어회와 전어구이 두 가지 요리만으로도 제철 전어를 즐길 만하다. 식구가 일본인 셰프한테 배웠다는 '전어 양념무침'을 발전시키면서 우리 집 상차림이 풍성해졌다. 부풀려 '전어 풀코스'로 이름 짓고는 손님 초대에도 애용한다.

전어. 날것일 때는 뼈가 씹을 수 있을 정도로 부드러우나, 불 위에서 구우면 딱딱해진다.

전어양념무침 ①

재료

전어(중치 5마리), 상추, 깻잎

양념장 고추장 2T, 간장 1T, 참기름 1T, 다진 파 3T, 통마늘 3쪽, 매실청 약간

만들기

1 뼈를 발라내고 5~6mm 사선으로 길쭉하게 썬 회감을 장만한다.

2 다진 파 3T와 마늘 3쪽 굵게 다진 것을 합해서 찬물에 5분 담근 뒤 물기를 뺀다. (파와 마늘의
    강한 맛을 제거한다.)

3 나머지 양념장 재료에 ②를 넣고 잘 섞은 뒤 여기에 ①을 넣고 숟가락으로 버무린다.

4 상치와 깻잎을 1cm 너비로 썰어 ③과 곁들인다.

＊ 큰 사발에 채소를 넉넉하게 깔고 밥을 담은 위에 양념장에 버무린 전어를 얹어 내도 좋다.

＊ 숭어, 광어, 청어, 병어 등의 횟감이나 먹다 남은 생선회를 이용할 수 있다.

전어양념무침 ②

재료

전어 4~5마리, 상추 70g, 깻잎 7장, 양파 1/2개, 풋고추 2개, 홍고추 1/2개, 참기름, 소금
된장 양념 된장, 고추장, 식초, 매실액, 제피가루

만들기

1 전어는 비늘을 벗겨 대가리를 잘라내고, 잔뼈가 많은 배 쪽 부위도 거의 1cm 너비로 길게
    잘라낸 뒤 내장을 뺀다.
2 손질한 전어는 흐르는 물에 깨끗이 씻어 종이 타월로 물기를 완전히 제거한 뒤 뼈째 5~6mm
    사선으로 썬다. (생전어는 뼈가 연하고 익히면 세진다.)
3 상추와 깻잎은 손으로 자연스럽게 뜯는다.
4 양파는 채 썰어 찬물에 담갔다가 건지고 풋고추와 홍고추는 반을 갈라 곱게 채 썬다.
5 된장 양념을 만든다.
6 그릇에 담기 직전에 전어를 참기름과 소금에 무친다.
7 된장양념으로 버무린 채소를 전어회에 곁들여 낸다.

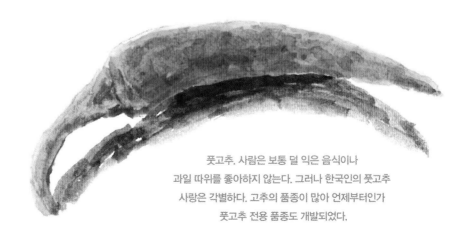

풋고추. 사람은 보통 덜 익은 음식이나
과일 따위를 좋아하지 않는다. 그러나 한국인의 풋고추
사랑은 각별하다. 고추의 품종이 많아 언제부터인가
풋고추 전용 품종도 개발되었다.

전어소금구이. 전어는 불 위에서 구워지면서 나는 냄새만으로도 식욕을 강하게 자극한다. 가끔은 레몬이나 꽃잎 몇 개 같은 장식으로 분위기를 색다르게 살려보자.

전어소금구이

재료

전어, 왕소금(천일염), 레몬

만들기

1   전어는 대가리와 내장을 그대로 둔 채 구워먹는 생선이다. 비늘을 친 다음 몸체 양면에 사선으로 칼집을 내고 왕소금을 뿌려서 금방 구워낸다.

2   전기 석쇠를 5분 예열 뒤 10~12분 굽는다. 접시에 담고 레몬 한 조각을 곁들이면 좋다. 구운 뒤 너무 많이 붙은 소금은 걷어내고 먹는다. (오븐그릴을 사용해도 된다.)

───────────────────────────────────

＊ 어떤 천일염은 너무 굵다. 웬만한 크기로 빻아서 쓴다.

대하버터구이

재료
대하, 버터, 소금, 파슬리(건조된 상품도 좋다.)

만들기
1 대하를 손질한다. 수염, 다리, 꼬리의 억센 부분을 가위로 잘라낸 다음 물에 씻어 물기를
   없앤다. 등으로 길게 칼집을 내고 꼬리 가까이에 있는 똥을 제거한다. (물기를 완전히 없앤다.)
2 프라이팬을 달군 뒤 버터를 녹여 골고루 펴고, 새우를 넣고 새우가 붉은 색으로 변할 때까지
   1~2분 굽는다. 뒤집어서는 버터를 보충하고 불을 조절하면서 바싹 굽는다.
3 파슬리와 소량의 소금을 뿌린다.

《 새우 》
　　새우는 가을이 제철이다. 새우처럼 일 년 내내 쉽게 사서 쓸 수 있는 식재에 제철이 의
미가 있을까? 아니다. 해산물은 제철이 엄연하다. 가을 새우를 으뜸으로 꼽는 이유다.
　　새우는 맛있기도 하지만 색깔과 모양이 예뻐 사랑받는 식재 가운데 하나다. 특히 대하
는 보양식에 속하니 제철에 한 번쯤 소금구이나 버터구이로 즐길 만하다. 식당에서는 대개
대하 대신 양식 수입 흰다리새우를 많이 쓴다. 대하는 흰다리새우에 비해 뿔과 수염 길이가
길고, 꼬리도 초록빛을 띤다고 한다.

총알오징어구이

재료

총알오징어, 파슬리 가루(생것일 때는 다진다.), 후춧가루, 레몬, 통깨

만들기

1 오징어 내장을 그대로 둔 채 씻지 말고 손으로 훑어서 물기를 빼고 필요하면 키친타월로
   닦아낸다.

2 전기 석쇠를 5분 예열 뒤 오징어를 얹고 10분 정도 굽는다. (오븐그릴구이도 좋다.)

3 도마에 얹고 1cm 정도 두께로 썰어서 접시에 담는다. 이때 내장이 빠지지 않게 조심해서 썰고,
   썰 때 생기는 물기는 적당히 제거한다.

4 ③에 파슬리 가루, 후춧가루, 통깨를 뿌린 뒤 반달로 썬 레몬을 곁들인다.

---

* 크기가 작은 새끼오징어. 모양이 총알 같다고 붙여진 이름이다. 내장을 먹을 수 있는 게
   이점이다. 사철 잡히기 때문에 싱싱한 것을 만나는 것이 관건이다.

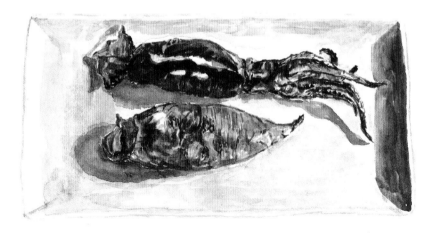

총알오징어구이

다시마나물

재료

채 썬 다시마 200g, 국간장 2T, 간장 4T, 맛술 2T, 참기름 1T, 통깨

만들기

1 다시마는 끓는 물에 1분 정도 데쳐낸 뒤 돌돌 말아서 2mm 폭으로 채를 썬다. 진득한 물질이
   칼에 묻어나와 썰기가 곤란하면 칼에 찬물을 발라 닦아내고 썬다.

2 우묵한 냄비에 ①을 넣고 국간장, 진간장, 맛술, 물2C을 넣어 끓으면 중약불에서 20~25분
   끓인다. 거의 다 됐을 때 뚜껑을 열고 간을 보면서 국물을 조린다. 참기름과 통깨로 마무리한다.
   (충분히 익은 상태에서 약간 쫄깃한 식감이 제일 좋다. 20분 정도 끓이다가 맛을 보면 정확한
   시간을 가늠할 수 있다.)

호박새우젓볶음

재료

호박 200g, 새우젓 국물 1T, 소금 1.5T, 다진 마늘 1/2T, 홍고추 반개, 참기름 1T, 들기름 1/2T,
통깨

만들기

1 호박을 둘로 길게 자르고 두께 5~6mm로 반달썰기한다. 홍고추는 반으로 잘라 씨를 빼고
   씻어서 2mm 폭으로 어슷썬다.

2 볼에 ①을 담고 소금을 넣고 까불어 소금이 골고루 묻게 하고 20분정도 재워둔다.

3 ②를 손으로 꼭 짜서 물기를 없앤다.

4 달군 프라이팬에 참기름과 들기름을 두르고 ③과 다진 마늘을 넣고 볶다가 새우젓국물을 넣어
   호박이 투명해질 때까지 2분 정도 볶는다. 홍고추를 넣고 살짝만 볶는다.

5 ④를 넓은 접시에 펼쳐 재빨리 식힌다. 호박의 선명한 색을 유지하고 식감을 좋게 하기
   위해서다. 부채를 부쳐 식히거나 냉동실에 잠시 넣는다.

6 ⑤에 통깨를 뿌리고 마무리한다.

* 홍고추는 생략할 수 있다.

갈치무조림

재료

갈치 한 마리(중간 크기), 양파 반 개(큰 것), 대파 1대, 고추, 무

양념장 고춧가루 2T, 찌개고추장 1T(또는 된장 1/2큰술), 다진 마늘 1T, 생강즙 1t,

맛술 2T, 간장 3T, 설탕 1/2T를 모두 섞어서 30분 정도 숙성(하룻밤 이상 숙성하면 더 좋다.)

육수3C 물 3C에 멸치 1/2움큼, 다시마 1장(손바닥 반 크기)을 넣고 10분 끓인다.

만들기

1 무는 2cm 두께로 썬 것 두 개를 4등분 또는 2등분해서 냄비에 깔고 양념장1/3과 육수1/3을
   넣고 20분 정도 끓인다. 젓가락으로 무를 찔러봐서 약간 들어갈 정도.
2 손질하여 토막낸 갈치를 ①에 펴 담고 나머지 양념과 육수를 넣고 10분 정도 끓인다. 양파도
   같이 끓인다.
3 어섯하게 썬 대파와 고추를 넣고 5분 더 끓인다.

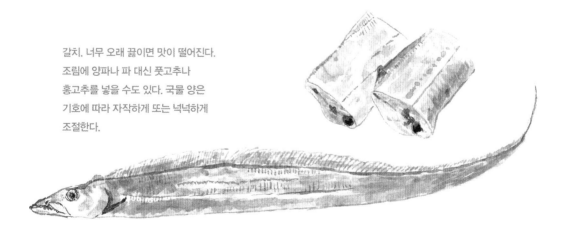

갈치. 너무 오래 끓이면 맛이 떨어진다.
조림에 양파나 파 대신 풋고추나
홍고추를 넣을 수도 있다. 국물 양은
기호에 따라 자작하게 또는 넉넉하게
조절한다.

아욱. 먼저 잎사귀만 따서
물에 씻는다. 이때 물을 조금만
넣고 아욱의 초록색 물이 나올
정도로 박박 치대고 난 뒤
몇 번 헹구어 아욱의
미끈거리는 맛을 제거한다.

아욱국

재료

아욱, 다진 마늘, 대파, 된장, 멸치육수

만들기

1   멸치육수를 먼저 만든다. 아욱은 특히 건새우 국물로 끓이면 맛이 더 좋기 때문에 멸치육수 기본량에서 멸치는 조금, 새우는 많이 넣으면 좋다.
2   아욱은 잎사귀만 따서 물에 씻는다. 이때 물을 조금만 넣고 아욱의 초록색 물이 나올 정도로 박박 치대고 난 뒤 몇 번 헹구어낸다. 끓였을 때 아욱의 미끈거리는 맛을 제거하기 위해서다.
3   국 국물에 된장을 풀고, 끓으면 아욱을 넣고 한소끔 더 끓인 뒤 다진 마늘과 어슷 썬 대파를 넣고 살짝 끓을 때 마무리한다.

《 아욱국 》

가을 제철 채소에 아욱을 뺄 수가 없다. 무척 맛이 있어서다. '가을 아욱국은 문을 닫고 먹는다.'는 속담도 있다. 역시 가난의 문화에서 유래됐음이 틀림없다. 지금 같이 철도 없이 흔하디 흔한데다 값도 싼 아욱을 두고 턱도 없는 찬사로 들릴지 모른다.

그러나 직접 요리해 먹는 사람들은 제철이 엄연한 채소임을 안다. '가을 상추'라는 말대로 일년 내내 밥상에 올리는 상추라도 가을에 특히 맛이 있음과 같이 아욱도 그렇다. 국 끓일 엄두도 못 내는 여름이 가고 맨 먼저 아욱국에서 제대로 된장국 맛을 느끼게 된다. 어쩌다 재래시장에서 구한 노지 재배 아욱으로 끓인 국에서 계절의 그 별미를 확인한다.

아욱국의 요체는 잎사귀를 초록색 물이 나올 정도로 박박 치대고 난 뒤 몇 번 물로 헹구는데 있다. 어떤 요리 고수는 '아욱을 으깨듯 씻는다.'라 표현할 정도인데, 그렇게 해서 잎사귀의 미끈거림이 없어져야 식감이 좋은 본연의 맑으면서 그윽한 아욱국이 된다.

우엉소고기조림

재료(2~3인분)

소고기 불고기용 300g, 우엉 2대(200g), 생강 1쪽(20g), 식용유 약간

양념장 물·청주 200ml 씩, 간장·맛술 80ml 씩, 설탕 3T

만들기

1 고기는 먹기 좋게 자른다. 우엉은 껍질을 벗긴 뒤 두께 2mm 길이 3~4cm로 돌려 깎아 폭 1cm 정도로 자른다. (금방 갈변하니 손질한 뒤에는 물에 담가둔다.) 생강은 가늘게 채 썬다.

2 양념장 재료는 볼에 미리 섞어둔다.

3 냄비에 식용유를 둘러 달군 뒤 물기를 뺀 우엉을 넣고 중불에서 2~3분 볶는다.

4 양념장을 붓고 끓기 시작하면 소고기를 넣어 뚜껑을 연 채 중강불에서 10분간 조린다. 국물이 3분의 1로 줄어들면 생강채를 넣어 한 번 뒤적이고 마무리한다.

우엉조림

재료

우엉 300g, 간장 4T, 맛술 1T, 참기름, 통깨, 식용유, 흑설탕(황설탕) 2T, 물엿2T, 식초 1T
다시마물 물에 손바닥 크기 다시마를 넣고 30분 정도 우려내거나 10분 끓인다.

만들기

1 우엉을 손질하여 3~4mm 두께로 어슷하게 썬다.

2 우엉에 물이 잠길 만큼 붓고 식초 1T를 넣어 30분 동안 두거나 데쳐낸다.

3 찬물에 씻어 물기를 없앤다.

4 팬에 ③을 넣고 기름 2T를 둘러 숨이 죽을 때까지 볶는다.

5 ④에 간장, 맛술, 설탕, 다시마 우린 물 100ml를 넣고 뚜껑을 덮은 채 끓으면 중불에서 조린다.
   이따금 젓는다.

6 국물이 어느 정도 남아 있을 때 뚜껑을 연 채 물엿을 넣고 센불에서 조린다.

7 참기름과 통깨로 마무리한다.

우엉. 뿌리를 식용하는데 주로
조림 재료로 이용한다. 나물로도
먹는다. 한편 뿌리, 열매, 잎이
모두 약재로 쓰이며, 차로도
이용된다.

삼치구이 ①

재료

삼치 살 2토막, 천일염 적당량, 식용유 약간

만들기

1 삼치 살 앞뒤로 소금을 뿌려 2~3시간 잰다.
2 생선 그릴에 식용유를 고루 바르고 5분 예열 뒤 7~8분 굽는다. (오븐 그릴에 구워도 된다.)

＊ 삼치는 클수록 맛이 있다. 되도록 큰 삼치를 사도록 한다.

삼치. 고등어와 같이 전형적인
등푸른생선으로 불포화 지방산
함유량이 높은 편이다.
회, 구이, 찌개, 튀김 따위로 널리
이용되는 국민생선의 하나.
비린내가 거의 없으며 식감이
매우 부드럽고 양념들과
궁합도 좋다.

삼치구이 ②

재료

삼치 살 2토막(500g), 소금 1t, 식용유 약간

미소양념 일본된장 200g, 청주·맛술 30ml씩, 얇은 면포 20×40cm

만들기

1 삼치 살은 앞뒤로 소금을 뿌려 30분간 재운 뒤 헹구고 물기를 닦아낸다.

2 볼에 미소 양념 재료를 넣고 잘 섞는다. 트레이 바닥에 미소 양념 절반을 깔고 면포를 반만
   덮는다. 그 위에 삼치 살을 올리고 나머지 면포로 감싼 뒤 나머지 미소 양념을 면포 위에
   잘 펴고 냉장고에서 하룻밤 재운다.

3 생선 그릴에 식용유를 고루 바르고 5분 예열 뒤 삼치 살을 얹어 7~8분 굽는다.
   (오븐 그릴에 구워도 된다.)

《무》

　중국 한의서『본초강목』에 "무는 소화를 촉진하고 설사를 다스리는 데 도움을 준다"로 약효가 명시되어 있다. 무가 귀하디 귀했던 옛날 우리나라 한사군 시절은 채소가 아니라 아예 약재로 취급했다고 한다. "무 장수는 속병이 없다"는 속담까지 있으니 무의 가치를 그만큼 높게 쳐왔다는 뜻이겠다.

　우리는 막연히 그 사실을 알면서도 흔한 까닭에 소홀히 대접하고 있는 것이 아닐까? 무는 가을에 접어들면서 맛이 들기 시작, 김장철에 절정에 이른다. 겨울에도 즐기기에 그 맛은 손색이 없다.

　나는 식구가 무생채와 무국을 특별하게 좋아해서 제철에 자주 해 먹는 편이다. 무가 들어가는 각종 조림이나 국과는 달리 이 두 가지는 최소한의 양념으로 간단히 조리해야 무맛을 최대한 즐길 수 있다.

무생채

재료

무, 대파, 다진 마늘, 고춧가루, 설탕, 소금, 식초, 깨소금, 국간장

만들기

1 무를 채 썬다.
2 ①에 고춧가루 소량을 넣고 무쳐서 발갛게 물을 들인다.
3 ②에 다진 마늘, 어슷하게 썬 대파 소량, 소금, 설탕 소량, 국간장 소량을 넣고 무친 다음
　 깨소금과 식초를 넣고 무쳐서 마무리한다.

＊ 무는 김장철 전후가 제일 맛있다.
＊ 고춧가루를 너무 많이 넣으면 상큼한 맛이 떨어진다.
＊ 국간장 소량은 감칠맛을 살리기 위해 넣는다. 간은 주로 소금으로 한다.

무나물

재료

무, 소금, 다진 마늘, 깨소금, 참기름, 식용유

만들기

달구어진 팬에 식용유를 두르고 먼저 마늘을 넣은 뒤 곱게 채 썬 무를 넣는다. 물은 절대로 넣지
않는다. 손으로 주물럭거리면서 볶다가 손이 점점 뜨거워져 참을 수 없다 싶으면 이때 소금을 넣어
간을 맞춘다. 그러면 뽀얀 국물이 생긴다. 나무 주걱으로 잘 저으면서 국물이 자작해질 때까지
볶는다. 깨소금, 참기름으로 마무리한다.

뭇국

재료

무, 대파, 다진 마늘, 소금, 새우젓, 김가루, 멸치육수

만들기

1 멸치육수를 만든다. 무는 채 썬다. 대파는 어슷썰기 한다. 김은 구워 김가루를 만든다.

2 멸치육수가 끓으면 무채와 소금 적당량을 넣고 중불에서 2~3분 끓인다.

3 마늘과 대파를 넣고 새우젓으로 간을 맞춘다. 국그릇에 담고 위에 김가루를 얹는다.

＊ 마지막 간은 새우젓으로 할 수 있도록 소금 간은 심심하게 한다.

무말랭이무침

재료

무말랭이 250g, 말린 고춧잎 50g

양념장 멸치 다시마육수 1과 1/2C, 고춧가루 5T, 생강가루 또는 즙 적당량, 멸치액젓 6T,
국간장 2T, 물엿 3T, 설탕 1T, 다진 마늘 3T, (송송 썬 쪽파 3T)

만들기

1 무말랭이는 씻어서 체 받쳐 물기를 빼고 볼에 담는다. (물에 불리지 않는다.) 고춧잎도 5분 정도
찬물에 담갔다가 씻어서 합한다.

2 양념장을 넣고 버무린다.

＊ 30분 뒤면 양념은 다 스며들고 무말랭이는 꼬들꼬들해진다.

청무김치

재료

청무 1단, 쪽파 적당량, 생홍고추 7개, 고춧가루 2T, 찹쌀 1/2C, 설탕 1T, 다진 마늘 2T, 강판에 간 생강 1/2T, 소금 1/2C, 멸치액젓과 새우젓국 2:1 비율 ('열무 얼갈이 김치' 참조)

만들기

1 청무의 무는 먹기 좋게 한입 크기로 자른다. 잎사귀는 5cm 길이로 썬다. 잎사귀는 진잎사귀만 빼고 거의 다 쓴다. 잘 씻어 간을 한 뒤 씻지 않고 그대로 건진다.
2 열무얼갈이김치와 대동소이하다. 마지막 조리 단계로 김치를 버무릴 때 멸치액젓과 새우젓을 2:1의 비율로 넣는 것만 다르다.

≪ 청무김치 ≫

청무를 아는 사람이 드물다. 추석 지나 10월 하순쯤부터 김장 전까지 약 한 달 동안만 생산되고, 그것도 재래시장에서나 살 수 있어서인지도 모른다.

나는 청무김치 별미를 알고부터 때를 기다렸다가 놓치지 않고 김장철 총각무를 담그기 전까지 두세 번 담가 즐긴다. 모양은 작은 동치미무 비슷한데 무 크기에 비해 무성하게 달린 잎사귀는 굵으면서도 식감이 연해 시래기로도 그저 그만이다. 나는 몇 차례 김치를 담그면서 모은 잎으로도 부족해 으레 재래시장에서 잎사귀만 따로 묶어놓은 상품을 사서 보탠다.

원래 무김치에 고춧가루를 너무 많이 넣으면 무맛이 줄어든다. 청무김치 역시 적은 고춧가루로 담그고, 생 홍고추를 몇 개 갈아서 넣으면 훨씬 더 시원한 풍미가 있다. 짜지 않게 담그면 청무 자체가 연해서 한꺼번에 총각김치보다 몇 배 많이 먹게 된다. 좀 과장하면 '김치 샐러드'라고 할까, 상차림에 다른 채소 반찬이 필요 없을 정도다.

총각무물김치

재료

총각무, 쪽파 5줄, 감자(중) 1개, 통마늘 7개, 생강 한쪽(15g), 소금, 설탕1/2~1큰술

만들기

1 물 2L에 감자를 얇게 저며서 넣고 30분 정도 끓여 감자물을 만든다. 감자를 건져내고 물만 식힌다.

2 총각무는 엄지손가락 한 마디 정도 길이의 직육면체로 썰어서 소금 간을 한다. (썬 무양은 감자물의 1/3~1/2이 적당)

3 마늘과 생강은 저민다.

4 쪽파는 2cm 길이로 썬다.

5 ①에 소금 간을 하고 설탕을 넣어 섞는다.

6 ②의 무만 건져 ③, ④와 함께 ⑤에 넣는다.

＊ 국물을 먹어 봐서 약간 간간해야 한다. 익으면서 싱겁게 되기 때문이다.

＊ 감자물은 일반적으로 쓰는 찹쌀물보다 김치를 덜 쉬게 하고 더 시원한 맛을 낸다.

은행죽

재료(5인분 기준)

은행 1/2C, 잣 1/2C, 찹쌀 1C, 시금치 한 잎, 소금

만들기

1 프라이팬에 기름을 댓 방울만 두르고 은행을 연두 빛이 날 때까지 볶아서 껍질을 벗긴다.

2 찹쌀은 씻어서 30분 불린다.

3 ①과 ②, 잣, 시금치를 물 2C과 함께 믹서에 넣어서 곱게 간다.

4 ③을 냄비에 붓고 물 3~4C을 더 부어 처음에는 중불에서, 끓으면 중약불에서 나무주걱으로 국자를 한 방향으로만 저어서 죽을 쑨다. (곡물의 찰기를 유지하기 위해서다.)

5 처음에 재료들이 익으면서 빽빽해져도 계속 저으면 농도가 알맞게 걸쭉해진다.

6 마지막 단계에서 불을 약불로 낮추고 뚜껑을 덮은 채 이따금씩 저으면서 5분 정도 더 끓인다. 소금으로 간을 맞추고 바로 불을 끈다.

※ 시금치가 은행의 은은한 초록색을 내게 한다.

※ 영양 죽이기도 하지만 식사 초대 밥상에 올려도 좋다.

더덕튀김(섭산삼)

재료
더덕 100g, 찹쌀가루 1C, 물 1/2C, 튀김기름

만들기
1 더덕은 껍질을 벗기고 방망이로 자근자근 두드려 펴서 가운데 심을 빼낸다.
2 찹쌀가루에 물을 부어 묽은 반죽 물을 만든다.
3 더덕을 찹쌀 반죽 물에 담갔다 뺀 뒤 찹쌀가루를 고루 묻힌다.
4 160℃ 기름에 바싹하게 튀긴다.
5 튀긴 더덕을 접시에 담고 꿀을 뿌리거나 소금을 곁들여 낸다. (전채로 쓸 때는 소금을,
   후식으로는 꿀을 곁들이면 좋다.)

《더덕 튀김(섭산삼 攝山蔘)》

　　예로부터 산삼에 버금가는 약으로 여겼던 더덕은 씁쓸하면서도 특유한 향이 일품이다. '섭'은 두들긴다는 뜻. 섭산삼은 더덕을 두들긴 다음 찹쌀가루를 입혀 튀기는 간단하면서도 고급스러운 요리다. 후식으로 낼 때는 꿀을 곁들이고, 술안주는 초간장을, 전채로는 소금을 곁들이면 잘 어울린다.

　　손질이 번거로워서인지 그 가치에 비하면 훨씬 싼 편이다. 싱싱할수록 껍질이 잘 벗겨진다. 벗기는 요령의 터득도 어렵지 않다. 씻어서 나선형으로 돌려가며 벗긴다. 조금만 공력을 들이면 그야말로 약이 되는 별미를 즐길 수 있다.

더덕고추장구이

재료

더덕 200g, 식용유

양념 고추장 3T, 매실청 1/2t, 물엿 1/2T, 설탕 1/2T, 다진 마늘 1T

애벌 양념장 참기름 1T, 간장 1/3T

만들기

1 더덕을 씻어서 나선형으로 돌려가며 껍질을 벗긴다. 세로 반으로 잘라 나무방망이로 자근자근 두들겨 편다.

2 ①에 애벌양념을 해둔다.

3 ②를 프라이팬에서 살짝 굽는다.

4 ③에 양념장을 발라서 식용유를 두른 프라이팬에서 타지 않게 앞뒤를 다시 굽는다.

＊ 고추장 양념은 기호에 따라서 조절한다.

＊ 강원도산 더덕은 굵고 마디가 많지만 향이 진하다. 제주도산 더덕은 곧아서 손질하기는 더 편리하지만 향이 덜하다. 샐러드 용으로 적합하다.

더덕간상구이

재료

더덕 100g(껍질 벗긴 것)

양념장 소금 1/3t, 간장 1과1/2t, 다진 마늘 1/2t, 참기름 1/2t

만들기

1 더덕은 3~4mm 두께로 썰어 나무 방망이로 자근자근 두드린다.

2 양념장을 앞뒤로 얇게 바른다.

3 팬에 기름을 두르지 않고 중불에서 살짝 굽는다. (석쇠로 구워도 좋다.)

＊ 채소샐러드에 곁들일 수 있다.

더덕. 한방에서는 '사삼'이라고도 부르며
사포닌 성분이 많다 한다. 해열·거담·진해
같은 데에 쓰고 있다. 뿌리 전체에 두꺼비
잔등처럼 혹이 더덕더덕하다고 해서
이름이 '더덕'이 되었다는 말이 전한다.

LA갈비·표고버섯양념구이

재료

LA 갈비 10대, 표고버섯 5~6개, 들기름 2T, (잣가루)

LA 갈비 양념장 간장 4T, 설탕 1~2T, 꿀 1T, 다진 마늘 1T, 다진 파 2T, 참기름 1T,

양파즙·배즙 2T씩, (파인애플즙 1T), 후춧가루

표고버섯 양념장 간장 1과 1/2T, 설탕 2t, 다진 마늘 1t, 다진 파 2t, 후춧가루 약간

만들기

1 갈비는 종이 타월에 얹어 핏물을 빼고, 달군 팬에서 겉만 슬쩍 익힌 다음 가위로 살을
   발라낸다.

2 양념장을 잘 저어서 설탕과 꿀이 완전히 녹도록 섞은 다음 갈비에 끼얹어서 팬에 굽는다.

3 고기가 익으면 건져내고 즙만 졸이다가 거의 졸여지면 구운 고기를 다시 넣어 버무린 다음 불을
   끈다. 그래야 윤기가 나고 고기가 질겨지지 않는다.

4 표고버섯은 밑동만 약간 잘라내고 한입 크기로 2~4 등분하여 팬에 들기름을 두르고
   중약불에서 충분히 구운 뒤 양념장을 끼얹고 골고루 섞어가며 약간 더 굽는다.

5 접시에 갈비와 버섯을 나란히 담아낸다. 잣가루를 뿌리면 좋다.

표고버섯소고기볶음

재료

표고버섯 5~6개, 소고기 300g, (양송이 3~4), 양파(중) 1/3개, 대파 1/2,

실고추(또는 얇게 썬 홍고추 조금), 후춧가루, 식용유, 소금, 통깨

소고기 양념 간장 2T, 설탕 1/2T, 다진 마늘 1/2T, 다진 파 1T, 배즙 2t, 참기름 1/2T, 후춧가루

만들기

1 한입 크기로 조금 두껍게(2~3mm) 썬 불고기용 소고기(등심이나 안심)를 양념에 버무려 재어
   둔다.

2 생표고버섯은 (말린 것은 불려서) 한입 크기로 포를 뜨듯이 썬다.

3 양파는 채 썰고, 대파는 어슷썰기 한다.

4 달구어진 팬에 ①을 넣고 중불에서 소고기의 붉은색이 없어질 때까지만 볶아서 덜어내 두고,
   바로 팬에 식용유를 두르고 버섯을 살짝만 볶고 소금으로 간을 맞춘다.

5 볶아 둔 소고기를 다시 팬에 넣어 양념이 버섯에 배어들도록 볶으면서 양파와 대파, 실고추를
   넣고 양파가 투명하게 익을 때까지만 볶는다. 부족한 간은 소금으로 맞추고 후춧가루를 약간 더
   뿌린다. 통깨를 뿌려 마무리한다.

---

* 말린 표고를 불려서 쓸 때는 간장, 설탕, 참기름으로 무쳐서 소고기와 함께 볶아도 좋다.

양송이

표고버섯

《 표고버섯 》

　　너무 흔해서 귀한 값어치를 미처 모르는 신토불이 식재들이 많다. 해산물 가운데는 굴, 육산물은 표고버섯이 그 대표가 아닐까.

　　표고버섯은 여러 가지 요리 자체가 맛이 있을 뿐만이 아니라 국이나 찌개, 전골 같은 국물 조리에 적당량 넣으면 맛을 그윽하게 돋우는 식재다. 프랑스 어느 유명한 셰프가 한국을 방문했을 때 우리 표고버섯과 대파를 격찬했다고 한다.

　　'표고버섯은 숨겨져 있는 많은 효능과 영양의 보물창고 같은 식재'라 한다. 이미 잘 알려진 면역증강 효능, 뼈와 치아를 건강하게 하는 비타민 D, 모든 질병의 원인이 되는 변비 예방에 필수적인 식이섬유를 풍부하게 함유하고 있다는 사실만으로도 그 방증이 된다.

송이버섯국

재료

송이버섯(중치)1개, 소고기 40g(양지머리 또는 사태), 무 2cm 반쪽, 대파 한 토막(뿌리쪽 6cm), 다진 마늘, 소금, 후춧가루

만들기

1 소고기는 두께 2mm로 납작하게 썰어서 끓는 물에 데쳐 찬물에 씻는다.

2 다시 물을 잡아 끓으면 ①과 무를 넣고 중불에서 소고기가 익을 때까지 20분 정도 끓인다.

3 무를 건져내 2mm 폭으로 납작납작하게 썰어서 ②에 넣고 소금, 다진 마늘 약간, 후춧가루를 넣고 간을 맞추고 다시 끓인다.

4 5mm 두께로 찢은 송이버섯과 반으로 잘라 길게 채 썬 파를 ③에 넣어 뚜껑을 덮고 1분 뒤에 불을 끈다.

---

* 송이버섯은 오래 끓이면 향이 떨어진다.

박나물

재료

박, 바지락, 소금, 다진 마늘, 깨소금, 참기름

만들기

1 박을 반으로 자른다. 껍질을 깎아내고, 그 밑에 딱딱한 부분도 도려낸다.
　박 속을 숟가락으로 파 내고 난 나머지 부분을 사용한다.

2 두께가 3mm 정도 먹기 좋게 납작한 크기로 썬다.

3 바지락은 씻어서 잘게 다져 놓는다.

4 달군 냄비에 참기름을 두르고 조금 있다가 ③을 넣고 덖다가 ②를 넣고 볶으면서 다진 마늘과
　소금을 넣는다. 조금 더 볶다가 박에서 물이 생기면 뚜껑을 덮고, 중약불에서 박이 적당히 무를
　때까지 5분 정도 더 익힌다.

5 뚜껑을 열고 간이 맞으면 깨소금을 뿌리고
　마무리한다.

---

* 간은 소금으로 한다. 간장을 쓰면
　박 고유의 흰색이 검게 변한다.

* 박은 익는 시간이 생각보다 길다.
　보들보들하면서 고유의 박 식감이
　느껴질 수 있도록 조리 시간에
　유의해야 한다.

박. 속껍질은 반찬으로 쓰이고 과육은 나물로
무치거나 과자를 만들기도 한다

《 꽃게 요리 》

꽃게는 봄가을이 제철이다. 특히 10월 중순이 넘어가면 알이 차는데 가을·겨울 꽃게
는 봄철 암꽃게에 비해 훨씬 값싸게 먹을 수 있다. 그러나 어획량 한정에 수요가 늘어나서인
지 해마다 값이 야금야금 올라가니 안타깝다.

꽃게 요리라 하면 우선 백화점 비싼 인기 상품으로, 식당에서는 고급 메뉴로 치는 꽃게
장을 떠올린다. 반면 꽃게탕과 꽃게무침은 접근하기 어렵지 않은 대중 음식이다. 하지만 식
당 꽃게탕은 으레 미원이 잔뜩 들어가 조미료에 민감한 내게는 기피 메뉴다. 맵고 달짝지근
한 꽃게무침도 역시 내 식성이 아니다.

꽃게 요리야말로 내 손이 아니면 먹을 수 없는 음식이다. 꽃게장을 만드는 공력으로 나
는 꽃게무침과 꽃게탕을 주로 해 먹는다.

꽃게탕은 시어머니한테서 배운 별미 음식이다. 조리 방식은 여느 꽃게탕과 같으나 데친
숙주와 얼갈이배추, 고사리를 따로 양념해 꽃게 딱지에 박아서 끓이는 것. 꽃게 맛이 밴 채
소는 한 맛이다. 그야말로 제철 음식의 진미를 즐길 수 있는 일품요리 가운데 하나다.

내외뿐인 지금은 식구가 가장 좋아하는 꽃게 양념무침은 봄가을로 놓치지 않는다. 내
방식의 꽃게무침은 일종의 꽃게회라고 할 수 있다. 생선회처럼 될 수 있는 한 빨리 먹어야
한다. 다만 조리해서 바로 먹는 것보다 한나절 지나 양념이 배면 더 맛있다. 꽃게가 생물이
라도 몇 시간 냉동했다가 조리하면 살이 차져서 식감이 더 좋아진다.

꽃게탕

재료

꽃게(중치) 2마리, 숙주·고사리·얼갈이배추 각각 70g씩,

찌개 국물 양념 찌개 고추장과 된장 2/3T씩 (또는 고춧가루 2/3T와 된장 1T), 다진 마늘 1T,
물 4C 정도, 대파

채소 양념 국간장 1t 정도, 고춧가루, 다진 마늘 소량

만들기

1 꽃게는 잘 씻어서 딱지와 몸통, 다리를 분리하고 몸통은 4토막 낸다. 고사리는 손질하고,
숙주와 얼갈이배추는 데쳐 찬물에 헹군다.

2 볼에 먹기 좋은 크기로 썬 고사리, 숙주, 얼갈이배추를 함께 넣고 마늘, 국간장, 고춧가루
소량으로 삼삼하게 조물조물 무쳐서 게딱지에 꼭꼭 눌러서 채워 넣는다.

3 ②를 냄비 밑바닥에 깔고, 그 위에 몸통과 다리를 얹은 뒤 대파를 뺀 나머지 양념을 물에
풀어서 붓고 15분 정도 끓인다.

4 대파를 어슷하게 썰어 넣고 한소끔 끓이고 마무리한다.

＊ 찌개 고추장 대신 고춧가루를 넣을 때는 된장량을 조금 더 늘린다.

꽃게. 꽃게무침은 일종의 생선회다. 만든 지 몇 시간 지나 양념이 적당히 배면
바로 먹을 수 있다.

꽃게무침

재료

꽃게(중치) 10마리, 소주 3T

양념재료 붉은고추 5개, 푸른고추 5개, 쪽파 적당량, 고춧가루 1.5T, 고운고춧가루 1.5T,

간장 5T, 소금 1t, 생강즙 2T, 다진 마늘 2T, 통깨, 물엿, 설탕

만들기

1 큰 다리를 떼고 난 뒤 나머지 다리는 붙인 채 몸통을 4조각 낸다. (큰 다리는 냉동보관했다가

　　된장찌개에 쓴다.) 딱지는 그대로 쓴다.

2 큰 볼에 ①을 담고 소주를 뿌린다. 양념거리가 준비될 때까지 그대로 둔다.

3 쪽파는 3cm 길이로, 붉은고추와 푸른고추는 어섯 썰기 한다.

4 ②에서 생긴 국물을 적당한 크기의 볼에 따라 여기에 ③과 모든 양념재료를 넣고 섞는다.

5 게딱지와 몸통 조각 하나하나에 ④를 골고루 바르듯이 양념한다.

버섯떡잡채

재료

표고버섯 3개, 말린 느타리버섯 50g, 능이버섯 2개, 쇠고기(우둔살) 70g, 떡볶이 가래떡 3줄,
실파 5줄기, 양파 1/2개, 당면 1줌 분량, 간장·들기름·참기름·소금·통깨 약간씩, 식용유 적당량
쇠고기 양념 간장 2/3t, 설탕 1/3t, 다진 마늘·다진 파·참기름·후춧가루 약간씩

만들기

1 표고버섯은 손질하여 기둥을 떼고 5~7mm 두께로 채 썬 뒤 팬에 식용유를 살짝 두르고
　볶으면서 소금 간을 약하게 한다.

2 느타리버섯은 물을 자작하게 부어 불린 다음 물기를 빼고 소금과 참기름으로 밑간한 뒤
　식용유를 두른 팬에 볶는다.
　능이버섯은 끓는 물에 살짝 데친다. 긴 것은 4cm 길이로 자른 다음 굵게 찢고 물기를 슬쩍 짠
　뒤 간장, 들기름으로 양념해 식용유를 두른 팬에 볶는다.

3 실파는 3cm 길이로 썰고 양파는 채 썰어 둘 다 식용유를 두른 팬에 볶으면서 소금 간을 약하게
　한다. 떡은 4cm 길이로 썰어 간장과 참기름을 약간 넣고 버무려 놓는다.

4 쇠고기는 표고버섯과 같은 두께로 채 썬 뒤 고기 양념 재료를 모두 넣어 무친 다음 식용유를
　두른 팬에 볶는다.

5 끓는 물에 간장과 참기름을 약간 넣은 다음 30분 정도 물에 불린 당면을 넣고 5~6분쯤 익힌
　뒤 체에 밭쳐 물기를 뺀다.

6 달군 팬에 식용유를 두르고 준비한 재료를 한데 모아 한 번 더 볶는다. 이때 간을 봐서 싱거우면
　간장으로 맞춘다. 마지막에 참기름과 깨를 넣어 버무려 낸다. (잡채 양이 많을 때는 식용유를
　두른 팬에 당면만 넣고 볶으면서 간장으로 간을 맞춰 큰 볼에 붓고 준비한 나머지 재료를 한데
　넣어 버무리면서 다시 간을 맞추고, 참기름과 깨를 넣어 마무리한다.)

＊ 느타리버섯은 말린 뒤 요리할 때 불려서 사용하면 쫄깃한 식감이 살아나고 맛도 좋아진다. 말린 느타리버섯을 불릴 때는 물을 아주 조금만 넣어야 버섯 고유의 향과 맛이 빠져나가지 않는다.

＊ 능이는 가을철에 잠깐만 나오므로 저장해둔다. 능이의 기둥 끝부분을 조금 자르고 흙을 털어낸 뒤 2~3 등분해 냉동보관해두고 필요한 양만큼 꺼내 끓는 물에 살짝 데쳐 사용하면 좋다. 능이는 독 성분이 약간 있어 얼리지 않은 것도 물에 데쳐 사용해야 한다.

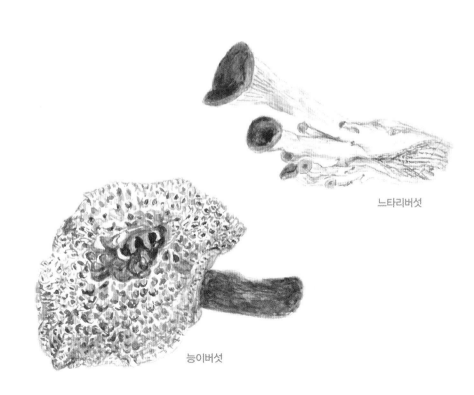

느타리버섯

능이버섯

단호박수프(유럽식)

재료
큰 단호박 1/2개, 양파(중치) 1/2개, 소금, 버터, 생크림, 화이트 트러플 오일, 백후추

만들기
1 단호박 껍질을 두껍게 벗기고 속을 긁어낸 뒤 잘게 토막낸다. 팬에 올리브유를 두르고 약불에서 뭉근하게 볶으면서 수분을 날린다. (호박의 깊은 맛과 향을 극대화한다.) 소금 간을 먼저 한다.
2 수분이 거의 졸여졌을 때 양파를 잘게 썰어넣고 볶으면서 수분을 마저 날린다.
3 버터를 넣고 저어서 믹서기에 넣고 간다.
4 ③을 냄비에 쏟고 생크림과 물을 넣은 뒤 저으면서 익힌다. (생크림을 너무 많이 넣으면 호박의 색과 맛을 떨어뜨린다.) 살짝만 더 끓이면서 백후추와 트러플오일을 넣고 마무리한다. 필요하면 소금 간을 더 한다.

《 단호박 수프(유럽식) 》
단호박은 영양소와 섬유질이 풍부하고 맛도 특이한 건강 식재다. 그럼에도 불구하고 그 맛이 한식 밥상의 다른 음식과 잘 어울리지 않고, 자주 먹으면 그 맛에 질리는 면이 있다.

일반적으로는 찌거나 죽을 끓여 먹는다. 가열하면 포만감은 높아지고 칼로리는 날것보다 낮아지므로 찐 호박은 다이어트 식단으로 더 손꼽히는 경향이 있다. 반면 죽은 설탕이 들어가 권할 만한 건강식품은 아니다.

단호박 맛을 좋아하는 나는 유럽식 단호박수프 레시피를 알고부터는 건강식품만이 아닌, 미각을 충족시키는 동시에 서양식 식단의 고급스러운 수프로 손색이 없다고 생각하게 되었다.

연근조림

재료

연근 400g, 물엿 2T, 다시마 1장(손바닥 크기), 통깨, 참기름 2t, 식초 2t

조림양념장 진간장 4T, 설탕 1.5T, 맛술 1T, 식용유 1T, (매실청1/2T 생략 가능)

만들기

1 연근은 껍질을 벗기고 4~5mm 두께로 썰어 끓는 물에 식초와 같이 넣고 3분 동안 데쳐낸다.

2 바로 찬물에 씻어 물기를 뺀다.

3 냄비에 ②와 조림양념장, 다시마, 물 150ml를 넣고 중약불에서 조린다. 10분 뒤에 다시마는
   건져낸다. 씹히는 식감의 기호에 따라 15~20분 조린다. 양념이 고루 배게 두어 번 뒤적인다.

4 거의 조려졌을 때 물엿을 넣고 약불에서 윤기 나게 조린 뒤 참기름과 통깨를 넣고 마무리한다.

연근전

재료

연근 1개(450g 정도), 다시마멸치육수 1/2C, 박력분 1/3C, 중력분 1/3C, 국간장, 참기름

만들기

1 연근은 껍질을 벗겨 반은 갈고 반은 3mm 정도로 곱게 채 썬다.

2 다시마멸치육수에 밀가루, 국간장, 참기름을 넣고 간을 맞추면서 잘 저어준다.

3 연근에 밀가루 반죽을 붓고 고루 섞은 뒤 한입 크기로 노릇하게 전을 부친다.

※ 연근에 새우살을 다져 넣고 함께 부쳐도 맛이 잘 어울린다.

≪ 호박범벅 ≫

호박범벅은 늙은 호박·팥·고구마·옥수수·찹쌀가루 등을 섞어서 풀처럼 되게 쑨 죽이다. 한 솥 뚝딱 끓여 여러 사람과 정겹게 나눌 수 있는 푸짐한 가을·겨울철 별식이다.

어릴 적 맛있게 먹곤 하던 그 푸근한 맛의 기억과 함께, 중병을 앓으며 톡톡하게 덕을 본 늙은 호박의 이뇨(利尿) 효능은 이 음식에 특별한 애정을 갖게 했다. 독한 항암치료 과정에서 생긴 부종이 양약 이뇨제로는 끄떡하지도 않더니 늙은 호박 삶은 물을 마시고부터 소변 횟수와 양이 많아지면서 부기가 술술 빠졌다.

전래 민간요법이 주효했다. 그 효능이 그렇다고 모든 정상인에게 그대로 적용되는 것은 아니다. 인체는 향상성(homeostasis)이란 기재가 있어서 필요하지 않으면 반응하지 않기 때문이다.

해마다 늦가을이면 자그마한 늙은 호박을 두어 덩이 산다. 만들기 그다지 번거롭지 않은 호박범벅은 이왕이면 한꺼번에 넉넉하게 만든다. 요리 교실 후식으로 쓰거나 그때그때 친지들과 나눔은 일상의 잔잔한 즐거움이다. 가난했던 시절의 평범한 음식이 지금은 건강식으로 환영받고 있음도 재미있다.

연근. 연의 뿌리로서 긴 것은 1.8m 이상이 되며 날로 먹으면 달달하면서도 전분 맛이 난다. 주로 정과나 조림, 튀김에 사용하며 아삭아삭한 식감이 씹는 맛을 더한다. 식이섬유가 풍부해 다이어트에도 좋으며, 다른 식품과 같이 먹을 때 육류와 생선의 비린내나 잡내, 기름기를 없애준다.

늙은 호박. 오래 두어
늙은 호박이 되면
초록색일 때보다 쓸모가
더 많아진다.

호박범벅

재료

늙은 호박 (작은 것 1/2개) 1.5kg, 팥 1C, 소금 3/4T, 설탕 3/4~1C, 찹쌀가루 1.5~2C

만들기

1 물 4C에 씻은 팥을 넣고 끓으면 중약불에서 1시간 정도 끓여둔다. (너무 물컹하거나 설컹거리지
   않게 익힌다.)

2 호박은 씨를 빼고 껍질을 벗겨 적당한 크기로 토막을 낸 뒤 물 1L를 잡은 솥에 넣고 끓으면
   중약불에서 1시간 30분~2시간 푹 끓인다. 뜨거울 때 감자 으깨는 기구나 국자로 잘고
   흐물흐물한 상태가 되게 으깬다.

3 찹쌀가루는 소량의 뜨거운 물로 자잘한 멍울과 가루가 섞이게 반죽한다.

4 ②에 ①을 넣고 5분 정도 뭉근하게 끓인다.

5 ③을 넣고 끓이면서 되직한 농도를 맞춘다.

6 아주 약한 불로 낮추고 소금과 설탕을 넣고 저으면서 식성에 맞게 간을 맞춘다.

제육쌈밥

재료

돼지고기(삼겹살, 앞다리살) 300g, 양파, 대파

양념장 고추장 2T, 고춧가루 1~2T, 간장 2T, 설탕 2T, 매실청 1T, 맛술 또는 청주 2T, 생강즙1t

만들기

1 적당한 크기로 썬 고기를 양념에 버무려 30분 정도 재어놓는다.

2 양파는 굵게 채 썰고, 대파는 5cm 길이로 썰고 반으로 자른다. 팬을 달구고 식용유를 둘러 중불에서 양파, 대파를 살짝 볶아 향을 낸다.

3 재운 고기를 넣고 중강불에서 볶는다. 통깨를 뿌리고 마무리한다.

＊ 특히 가을, 상추가 제일 맛이 있을 때 곁들여 쌈을 싸 먹기에 좋은 음식이라 붙인 레시피 이름이다.

배추겉절이

재료

배추속대 500g, 쪽파 50g, 굵은 소금 50g, 물 2C, 참기름, 식초
양념 고춧가루 2T, 멸치액젓 2T, 다진 마늘 2T, 다진 파 2T, 설탕 1/2~1T

만들기

1 준비한 물에 굵은 소금의 반을 풀어 소금물을 만든다. 배추속대는 고갱이를 준비해 소금물에
    적셨다가 건진 뒤 줄기 부분에 나머지 소금을 조금씩 골고루 뿌려 그대로 둔다.
2 2시간 뒤 위아래 고갱이 위치를 바꾼다. 전후 3~4시간 정도 절여서 배추 줄기가 부드러워지면
    물에 씻은 뒤 잎 부분의 물기를 꼭 짠다.
3 절인 배추는 반으로 썰어 길이로 찢는다. 먼저 고춧가루를 넣고 버무려 고춧가루 물을 들인
    다음 나머지 양념을 모두 넣어 무친다. 쪽파는 4cm 길이로 썰어넣고 다시 한번 버무린다.
4 먹기 직전에 참기름과 식초를 약간씩 넣으면 샐러드처럼 즐길 수 있다.

---

* 겉절이 양념은 숙성되면 더 맛있어지므로 최소 2~3일 전에
    미리 만들어두고 쓰면 더 좋다.

배추 고갱이. 고갱이는 '연한
속살'을 가리키는 순우리말로,
배추의 연하고 고소한 노란색
속잎을 의미한다.

군만두(일본식)

재료

만두소 재료 다진 돼지고기 230g, 배추 180~200g, 다진 파 70g, 다진 쪽파 50g, 다진 마늘 2T, 다진 생강 1T, 소금 1t, 참기름 1t, 간장 1/2T, 청주 1/2T, 후춧가루, 닭 육수 1/4C. 그 밖에 만두피, 식용유와 참기름 3:1 비율로 섞어서 2T, 추가 참기름 1t

소스 간장 1T, 식초 1/2~3/4T, 고추기름 1/4T 비율

만들기

1 배추는 끓는 물에 1분 데쳐 찬물에 헹군 뒤 잘게 썰어 물기를 꼭 짠다.

2 쪽파와 대파는 잘게 다진다. 잎사귀 부분도 섞어서 만두를 익혔을 때 초록빛이 비치게 한다.

3 마늘은 다지고 생강은 강판에 간다.

4 볼에 만두소 재료를 모두 담고 4~5분간 치대면서 잘 반죽한다. 최소한도 1시간 내지 하룻밤 냉장고에서 숙성시킨다. 처음에는 질척하다 싶어도 숙성하는 동안 적당히 물기가 있으면서 부드러운 반죽이 된다.

5 만두피와 만두를 빚는 데 필요한 물사발을 옆에 두고, 그 바로 옆에는 빚은 만두를 놓을 쟁반을 준비한다.

6 만두피 크기에 따라 1T 기준 적당량 만두 속을 채워 넣은 다음, 손가락에 물을 묻혀 만두피 가장자리에 바르고 양쪽을 들어 붙이면 반달 모양이 된다. 양 손가락으로 두 끝에서부터 집어서 반달 모양을 고정한 뒤 오른쪽 끝에서 중앙까지 주름을 2~3개 잡고, 마찬가지로 왼쪽도 주름을 잡는다. 손가락으로 꼭꼭 집어서 양쪽 주름을 완전히 봉한 다음 만두 밑바닥을 편편하게 세워서 주름잡은 끝이 맨 위로 가게 한다.

7 달군 팬에 식용유와 참기름 3:1의 비율로 섞어서 2T를 두르고 빚은 만두를 뒤집기 좋게
   가지런하게 얹고 중불에서 만두 밑바닥이 고르게 갈색으로 될 때까지 3~4분 동안 지진다. 곧
   만두 밑바닥 1/3쯤 잠기도록 물 1/3C 정도를 붓고 물이 튀지 않게 재빨리 뚜껑을 덮는다. 곧
   약불로 줄이고 수분이 거의 다 없어질 때까지 5~6분 정도 그대로 둔다.

8 뚜껑을 열고 중불에서 만두 밑바닥이 바삭하게 될 때까지 3~4분 둔다. 다시 참기름 1/2t를
   첨가해 밑바닥에 기름이 고르게 퍼지도록 1분 동안 팬을 흔들고 조리 주걱으로 뒤집으면서
   마무리한다.

＊ 닭 육수 대신 치킨 부용을 쓸 수 있다. 치킨 부용에는 소금이 들어 있음을 감안해야 한다.

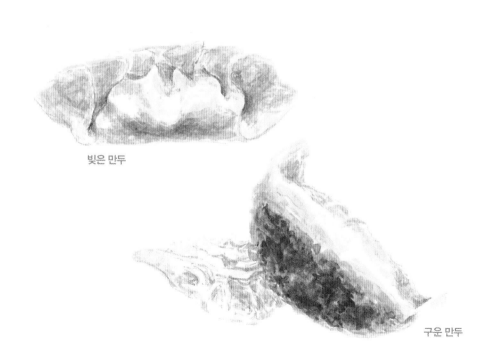

빚은 만두

구운 만두

토란국

재료

토란 400g, 소고기(양지머리) 150g, 무 60g, 다시마 손바닥 크기 1장, 국간장 적당량, 참기름 1T,
대파 1대, 다진 마늘 1T, 소금, 후춧가루 약간, 들깨가루 3T(식성에 따라 가감), 물 6C

만들기

1 토란은 흙을 씻어낸 다음 소금을 넣고 끓인 물에 1분 데쳐 칼등으로 껍질을 벗기고 미끈거림이
   없어질 때까지 흐르는 물로 씻은 뒤 밑동과 흠집을 도려낸다. 한입 크기로 토막을 낸다.
   (토란은 끓이면 독이 빠지고 껍질도 수월하게 잘 벗겨진다.)

2 소고기는 잘게 썰어 참기름을 두르고 볶은 다음 다시마와 함께 물을 붓고 끓인다. 끓기
   시작하면 다시마를 건져내고 거품을 걷어낸다. 소고기가 적당히 무를 때까지 5~10분 더 끓인
   다음 국간장으로 간을 맞춘다.

3 ②에 토란과 깍둑썰기한 무를 넣고 토란이 익을 때까지 푹 끓인다. 마늘과 후춧가루, 어슷썰기
   한 파를 넣고 한소끔 더 끓인다.

4 ③에 들깨가루를 넣고 끓기 시작하면 바로 불을 끄고 마무리한다.

토란. 이름 토란은 땅의 달걀이란 뜻이다. 미끈거리는 표면 식감은 뮤틴과 갈락틴이라는 성분 때문이다. 이들은 몸 안에서 글루크론산을 만들어 간장이나 신장을 돕고 노화를 방지하는 효과가 있다. 미끈한 식감이 싫으면 껍질을 벗겨 소금물에 살짝 삶는다.

《 토란국 》

토란은 늦여름이면 시장에 나오기 시작, 추석 장에는 최상품이 총출동한다. 쉽게 상하므로 특유의 부드러우면서 쫀득한 식감과 향을 즐기려면 제때를 놓치지 말아야 한다.

재래시장 상인에게서 토란 껍질을 쉽게 벗기는 방법을 배우기까지는 구미에 당기는 만큼 자주 조리해 먹지 못했다. 날토란에서 나는 독성이 피부를 몹시 가렵게 하고, 미끈거리는 성질 탓에 장갑 같은 것을 끼고 손질해야 하는 번거로움 때문이었다. 껍질을 매끈하게 벗기고 표백제로 하얗게 만든 상품은 몸에 해로울 뿐만이 아니라 고유의 식감과 맛이 덜하다.

'알토란 같다'라고 표현하는 것처럼 토란에는 풍부하고 다양한 영양소가 숨어 있어 예로부터 무병장수를 기원하는 의미에서 토란국을 추석의 대표 음식으로 만들어 먹었다 한다. 이렇게 실속 있는 식재치곤 값은 헐하다.

나는 옹골차게 실속이 있다는 뜻으로 쓰이고 있는, 그야말로 '알토란 같이' 매년 값싸게 토란을 사서 어렵지 않게 끓인 토란국을 즐기고 있다.

토란병

재료

토란 3개, 찹쌀가루 2C, 꿀, 잣가루, 식용유

만들기

1 깨끗이 손질한 토란을 쌀뜨물에 넣고 부드럽게 삶아낸다.

2 삶은 토란은 으깨어 체에 곱게 내린다.

3 찹쌀가루에 ②를 넣고 잘 치대어 반죽한다.

4 화전처럼 둥글납작하게 빚어 기름을 넉넉히 두르고 앞뒤로 약간 노릇하게 지진다.

5 익으면 꺼내 앞뒤로 꿀을 묻혀 단맛도 주면서 서로 붙지 않게 한다.

6 잣가루를 고명으로 뿌린다.

* 찹쌀가루와 삶은 토란에 수분이 충분하므로 합해서 반죽하는데 물은 필요 없다.

돼지갈비콩비지찌개

재료

돼지갈비 300g, 매주 콩 2/3C, 얼갈이배추(데친 것) 120~150g, 다진 마늘, 소금, 파

양념장 다진 파 또는 쪽파, 고춧가루, 간장

돼지갈비 삶기 부재료 파잎 3대, 통마늘 7개, 생강 한쪽, 양파 1/2개, 통후추 1/2t

만들기

1   콩은 씻어서 찬물에 댓 시간 담가 완전히 불려놓는다.

2   돼지갈비는 찬물에 담가 핏물을 뺀다. (1시간 정도)

3   냄비에 고기가 충분히 잠길 만큼 물을 잡고 부재료를 넣어 끓으면 고기를 넣는다. 약불에서 10분 정도 끓인 뒤 건져내 흐르는 찬물로 씻는다. 먹기 좋은 크기로 토막낸다.

4   찌개 냄비에 물 3.5C을 잡고 끓으면 ③을 넣어 중약불에서 30분 뭉근히 끓인다. 얼갈이배추는 데쳐서 먹기 좋게 두세 등분 썬다.

5   불린 콩은 껍질째 물 1C과 함께 믹서에 충분히 갈아놓는다.

6   ④에 얼갈이배추, 간 콩, 다진 마늘 1T를 넣고 콩의 비린내가 가실 때까지만 끓인다. 소금으로만 간을 한다. (너무 끓이면 콩의 고소한 맛이 줄어든다.) 파장을 곁들인다.

＊ 한여름만 빼면 사철 구수한 영양식이다.

＊ 얼갈이배추 대신 시래기나 봄동을 쓸 수 있다.

《 청경채 》

제철이 따로 없이 일 년 내내 손쉽게 구할 수 있는 채소 가운데 하나다.

이름을 봐서 원래 중국 채소임을 짐작하듯 이전은 중국 음식점에서나 먹을 수 있었다. 웬만한 회식에 중국 음식점을 선호하던 시절에는 그 음식과 잘 어울리는 식감과 이쁜 모양새로 고급스러운 채소라 여겼다.

우리나라에서 쉬이 재배되는 덕분인지 초기 얼마간은 비싸더니 지금은 비교적 값싼 채소에 속한다. 그렇다고 본래 가치마저 떨어진 게 아니다. 흔하다 보니 대중음식점에서 청경채 나물이 나오기도 하는데, 직접 요리를 즐기는 사람에겐 역시 중국 음식과 궁합이 잘 맞는 채소인 듯하다.

내가 평소에 일품요리로 애용하는 중국 스타일 레시피를 소개한다.

정경채. 중국 화중 지방이 고향으로, 이름을 풀면 '푸른 줄기 나물'이다. 고기나 간장을 주로 사용한 요리와 궁합이 아주 좋고, 기름에 볶는 요리에도 잘 어울린다. 채소치고는 영양 성분이 아주 좋은 편이다.

돼지고기청경채볶음

재료

돼지고기(삼겹살, 목살) 150g, 청경채 200g, 마늘 4쪽, 굴소스 1T, 소금, 후춧가루, 식용유, 간장 1t

만들기

1 돼지고기는 새끼손가락 두 마디 크기로 썬다.

2 청경채는 손질해 씻어서 물기를 없애고 밑둥을 잘라낸다.

3 마늘은 적당한 두께로 저며 놓는다.

4 중국 냄비나 우묵한 팬을 달군 뒤 식용유를 넉넉하게 두르고 데워지면 마늘을 넣고 마늘
   냄새가 날 때까지 볶는다.

5 돼지고기를 넣고 조금만 볶다가 소금, 간장1t, 후춧가루를 넣고 돼지고기가 충분히 익을 때까지
   볶는다.

6 청경채를 넣고 볶다가 재빨리 굴소스를 넣어 간을 맞추고 잎사귀가 익을 때까지만 볶는다.

※ 전분물(전분1:물3)을 넣고 한번 더 살짝 볶아 까룩하게 마무리할 수도 있다.

겨울음식

겨울 넘기기

겨울을 잘 넘긴다는 말은 대개 식생활과 건강에 연관된다. 가난했던 옛날은 응당 식량 문제가 컸으나 현대는 건강에 훨씬 더 무게를 두는 모양새로 보인다. 겨울은 특히 기후 탓에 생기는 질병이 많다 해도, 건강의 기본은 건강한 식생활에 있음은 변함이 없다.

우리나라는 반도국, 삼면 바다와 국토 전체를 수놓는 산하는 다양한 식재를 생산하는 지세다. 뚜렷한 사계절도 그렇다. 여기에다 나라 경제와 함께 발달한 농수산물 재배와 양식 기술과 좋은 식재 수입 덕분에 먹거리가 아주 풍부해졌다. 그럼에도 '구슬이 서 말이라도 꿰어야 보배'이듯 그런 좋은 식재를 제대로 활용해야만 건강한 식단이 만들어진다.

겨울 대비 음식은 김장이 시작이다. 가을 내내 영글어 김장철에 그 맛이 절정인 배추와 무는 '김치 없이는 못 살아!'로 살았던 우리에겐 자연이 안겨준 축복이 아닐 수 없다. 김장이 맛있는 그해 겨울은 든든하고도 풍요롭다.

기후 변화가 심각해졌다 해도 겨울은 겨울이다. 따뜻한 음식이 당기는 계절이다. 갈비탕·곰탕·사골우거짓국·해장국이나 된장찌개·김치찌개·순두부찌개 같은 찌개류는 따끈하게 먹어야 제격이다. 전골이나 스키야키·샤부샤부 등도 겨울에 더 맛난다. 간식이나 후식인 호박범벅이나 단팥죽도 따끈해야 제맛이다. 차게 먹어야 제격인 동치미만 예외라 할까.

요리 교실에서 나는 굴 요리를 권장한다. 겨울이 제철이긴 해도 사실은 가을부터 초봄까지 긴 기간 다양하게 조리해 즐길 수 있다. 영양과 맛에 견주어 월등히 싼 값도 묘미다. 통영 등지 양식 재배에 적당한 수역에서 좋은 기술로 다량 생산되는 굴은 수출하고도 국내 소비에 안겨주는 풍부한 이점을 우리는 미처 모르는 편이다.

묵나물은 정월 대보름에만 먹는 음식이 아니다. 풍부한 비타민과 무기질, 양질의 섬유소 급원 음식으로 겨울철 내내 요긴하다. 여기에 신선한 겨울철 채소로는 시금치와 봄동을 들 수 있겠다. 특히 겨울에 전례 없이 많이 쏟아져서인지 봄동은 값이 아주 싸다. 신문지에 싸서 냉장 보관하면 꽤 오래 신선도가 유지되므로 여러 가지 별미 음식 식재로 유용하다.

나는 김장 전까지 무시래기(특히 청무시래기)를, 김장때는 배추우거지를 넉넉하게 말린다. 겨울 식생활에 어느 식재보다 그 활용도가 높은 까닭이다. 제철 대구요리와 그 갈무리는 뺄 수 없는 우리 식구의 일거리이자 도락이다.

시금치나물

재료

시금치, 다진 파, 다진 마늘, 깨소금, 국간장, 참기름

만들기

1 시금치를 잘 씻어서 끓는 물에 넣어 가장자리가 끓기 시작할 때까지만 데친다. 건져서 찬물에
헹궈낸다.
2 ①을 슬쩍만 짜서 볼에 담고 다진 파, 다진 마늘, 국간장으로 무치다가 깨소금 참기름으로
마무리한다.

숙주나물

재료

숙주, 다진 파, 다진 마늘, 소금, 깨소금, 참기름

만들기

1 숙주는 끓는 물에 넣자마자 건져 내 찬물에 헹군다.
2 ①을 슬쩍만 짜서 볼에 담고 다진 파, 다진 마늘, 소금으로 무치다가 깨소금 참기름으로
마무리한다. (다진 파는 생략할 수 있다.)

※ 시금치나물과 숙주나물은 겨울에 한꺼번에 데쳐서 일주일 정도 냉장보관해 두고 조금씩 덜어서
무쳐먹을 수 있는 나물들이다.

시금치. 겨울에 한꺼번에 많이 데쳐 찬물로 헹군 다음 한 주 정도 냉장보관할 수 있다.
필요한 만큼 조금씩 덜어서 무친다.

대구요리

대구요리라고 하면 어릴 적 겨울 밥상에 자주 오르던 김이 모락모락 올라오는 대구국이 먼저 떠오른다. 내가 태어난 남해안 특히 거제, 통영, 마산 앞바다에서 겨울이면 대구가 엄청 많이 잡혔다.

성수기인 동지 즈음이면 어지간히 사는 집은 대구 김장을 했다. 몇십 마리씩 한꺼번에 사다가 손질해서 튼튼한 빨랫줄 같은 데 달아매 통대구를 만들어 겨우내 두고두고 먹었다. 일부는 금방 국이나 저냐 등을 해먹고, 내장은 알젓이나 장자젓으로 만들어 이 또한 겨우내 초봄까지 먹었다.

지게꾼이 대구가 가득 담긴 지게를 옆으로 기울여 마당에 부렸다. 어머니가 우물가에서 그 많은 대구를 비호같이 빠르게 해체하던 모습은 어제 일처럼 선연하게 떠오른다.

우리 내외는 동향으로 둘 다 같은 음식을 먹던 입이라 결혼해서 나도 어머니 손맛을 더듬어 더러 대구요리를 해서 먹었다. 그때는 이미 어획량이 엄청나게 줄었다. 겨우 조리법을 익힐 만하던 1980년대 말에는 최악으로 한 마리에 30만원이나 했다. 그럼에도 한 마리 정도는 사 먹었다.

이러다가는 대구를 포기해야 하는 지경에 이를지도 모른다고 서글퍼했다. 평창동에 이사 온 1997년 이후는 편법으로 노량진 수산시장 수집상을 통해 중국산 수입 대구를 몇 마리씩 사다가 아쉬운 대로 명맥을 겨우 유지했다. 그러다 2010년 언저리다. 어류 양식사업의 일환으로 현지 지방정부 지원의 수자원연구소가 치어 방류사업을 펼쳤고, 이게 성공해서 어획량이 늘기 시작했다는 희소식이 들려왔다.

대구 맛은 거제도 앞바다 진해만에서 잡히는 것을 최고로 친다. 우리가 어릴 때 먹던 바로 그 대구다. 몇 해는 노량진 수산시장 수집상에게 부탁해서 그 대구를 사서 먹었다. 값은 중국산보다 비쌌지만 맛은 댈게 아니었다.

이때부터 내 나름 대구 풀코스를 개발해서 겨울이면 대구 맛을 아는 친지들을 초대해 함께 즐기게 됐다. 뜻밖에도 그 중에는 장안에서 내로라하는 서울 태생 미식가들이 내 요리를 격찬해서 자신감을 올려주었다. '가장 한국적인 것이 세계적이다'는 논리대로 가장 지방적인 요리가 전국적인 요리가 될 수 있다는 이치를 깨달았다. 대구요리 연구가 더 깊어질 수밖에 없었다.

2014년. 노년인지라 시간과 마음의 여유를 가지고 그 현장을 체험하자는 의견 일치를 보고 주산지이자 수협어판장이 있는 거제시 외포리(항)를 찾아갔다. 어획량은 전국 대구의 30%라 하는데 인근 지방 사람들이 거의 다 소비한다고 한다. 경비를 들이고 발품을 팔아 얻은 결과는 실로 놀라웠다.

경매장의 수집상들이 직접 경영하는 생선가게가 즐비한 가운데 한 수집상의 명민한

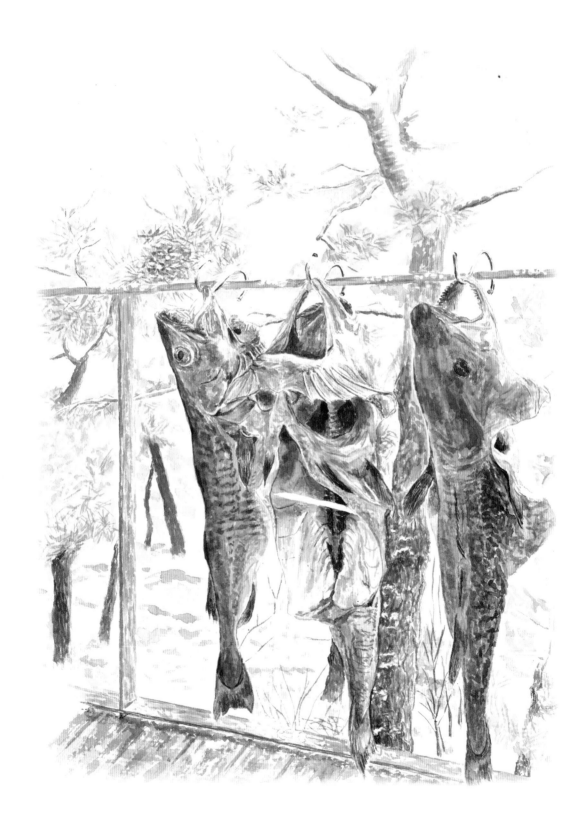

아내가 경영하는 가게를 골라잡은 것이 적중했다. 제법 많이 소비하는 우리가 무엇을 원하는지 단박에 알아차리고 응대해 주었다. 서울보다 값은 좀 높지만 선도가 좋은 최상의 대구를 직접 구입할 수 있었다. 요즘 사람들은 대구알젓 맛을 아는 사람이 드물고 집에서 만들 줄도 몰라 몸통을 해체해 주고 난 뒤 처진 알들을 큰 드럼통에 쌓아두고 있었다. 덕분에 우리는 대구알만 싼값에 따로 더 살 수 있었다. 대구 아가미(장자)도 마찬가지였다.

나는 시어머니한테서 대구는 해체부터 시작해서 많은 것을 배웠다. 어머니가 세상을 뜨고 난 뒤는 남편이 직접 해체했다. 힘이 요구되는 작업이기 때문이다. 대구알젓과 장자젓은 먹물이 든 내가 과학적 상식을 가미해서 재래식 조리법을 개선해 보다 정확하게 만들어 나갔다. 지금은 해체 작업조차도 대충은 외포리의 그 생선가게에 부탁해서 해결하고 마지막 중요한 단계만 내가 직접 하게 됐다.

그때부터 대구알젓을 많이 만들어 그 맛을 아는 친지들과 나눠 먹기 시작했다. 아가미젓은 그것대로 한꺼번에 많은 장자김치를 만들어 나눠 먹기도 한다. 공력과 정성만 들이면 되는 일이다. 만년에 뜻밖에 가지게 된 즐거움의 한 가닥이다.

이제는 동지 즈음이면 거제시 외포리로 가는 것이 연례행사가 됐다. 단지 대구뿐만이 아니다. 거제시에서 출발한 시외버스가 부산으로 들어가는 길목의 낙동강 을숙도 습지에서 철새 구경도 즐긴다. 부산의 여러 맛있는 먹거리를 즐길 수도 있다. KTX 교통편 덕분이다. 이른 아침 기차를 타면 당일 여행도 가능하다. 이 재미 또한 우리만 즐기기에는 아까워 해마다 타이밍이 맞는 친구들과 같이 그 특별한 여행을 즐긴다.

나는 어느 결에 대구 전도사가 되었다. 대구는 가격이 조금 비싸지만, 어느 것 하나 버릴 것 없다. 돈이 아깝지 않다. 대구는 겨울 찬바다 심해에서 좋은 플랑크톤을 위시해서 오징어 등 자잘한 생선을 먹이로 삼아 자란 덕에 기름기가 없는 고단백질 식품으로 영양 면에서도 아주 빼어난 생선이다. 관심을 조금만 기울이면 조리법도 복잡하지 않다.

내구 손질과 해체

　대구는 동지 즈음부터 이듬해 1월 초순까지가 제철 한복판이다. 이때는 무게가 5kg이 넘는다. 비늘이 거의 없다시피한 생선이므로 바로 도마에 올려 해체한다.

1　대가리 턱 쪽을 칼끝으로 먼저 찌르고 칼집을 돌려가면서 아가미를 빼낸다. 이때 내장까지 따라나오게 한다. 턱주가리 살도 떼낸다.

2　턱 바로 밑부터 시작해서 배꼽까지 배를 가르고 수컷은 정소(精巢)인 이리를, 암컷은 알인 곤이(鯤鮞)를 빼낸다. 알이 터지지 않도록 정교하게 칼집을 넣어야 한다.

3　아가미와 내장을 빼낸 몸통은 흐르는 물에 깨끗이 씻어 물기를 대충 뺀 다음 도마 위에 올린다. 대가리를 먼저 떼낸다. 이때는 무쇠칼이 필요하다. 뒷부분을 쳐서 분리해낸 대가리는 다시 반쪽으로 갈라놓는다.

4　몸통의 등뼈 끝에서 배꼽 쪽으로 칼집을 넣어 양쪽 뱃살을 잘라낸다.

5　나머지 몸통에 대부분의 살이 붙어 있다. 이 부위 살은 포를 떠서 저냐를 하거나 토막을 내서 양념구이를 한다. 토막을 낼 때는 등뼈가 위로 가게 몸통을 눕힌 다음 무쇠 칼로 등뼈 마디를 가늠하며 칼을 힘있게 눌러 1.5cm 정도 두께로 썬다.

6　아가미에 이어 붙은 위장을 갈라서 내용물을 칼로 훑어낸다. 아주 지저분하면 물로 가볍게 씻어내고 아가미와 함께 젓을 담는다.

7　알로도 젓을 담는다.

8　이리(정소)는 용기에 담고 왕소금으로 살살 문지른 뒤 몇 번 헹궈 느른한 이물질을 제거한다. 소쿠리에 밭쳐 물기를 뺀 다음 대구 국, 시래기 국이나 찌개에 넣어 먹거나 그냥 구워서 먹는다.

전통 무쇠칼

통대구국

재료

찢은 통대구 살, 소금, 다진 마늘, 대파, 후춧가루 약간, (새우젓, 콩나물)

만들기

1 찢은 통대구 살을 물로 살짝 씻어서 짠다.

2 달구어진 냄비에 넉넉하게 참기름을 두르고 ①이 포실해질 때까지 덖은 뒤 물을 넉넉하게 붓고
   끓으면 중약불에서 두 시간 정도 뭉근히 끓인다. 중간에 물을 보충하면서 국물이 뽀얗게 될
   때까지 끓인다.

3 소금을 넣어 삼삼하게 간을 하고 다진 마늘과 대파를 넣고 한소끔 더 끓인다. 새우젓으로 간을
   보충해 시원한 맛을 더할 수 있다.

---

* 콩나물은 국물이 뽀얗게 다 됐을 때 넣고 뚜껑을 덮은 채 잠시 끓인다. 새우젓으로 마지막 간을
   맞추면 좋다.

* 통대구는 꼽꼽할 때가 그냥 먹기에 제일 적당하다. 미처 먹지 못해 말라버린 통대구는 북어처럼
   찢어서 냉장고나 냉동고에 보관했다가 요긴하게 쓸 수 있다. 통대구국과 통대구무침도 북어와
   거의 같다고 생각하면 된다. 단지 대구가 북어보다는 더 깊은 맛이 있다는 차이뿐이다.

우거지통대구찜

재료

우거지(불린 것 500g), 통대구(황태 1마리 분량), (소고기 소량)

양념 된장 4T, 들기름 2T, 다진 마늘 1T 비율

만들기

1 토막을 내고 깨끗이 씻은 통대구에 끓는 물을 잠길 정도로 붓고 식을 때까지 그대로 둔다.

2 삶은 우거지는 껍질을 벗기고 씻어 밥 위에 걸쳐 먹기 좋게 8~10cm 정도로 길게 자른다.

3 ②에 양념을 넣고 무친다.

4 ①의 통대구를 건져 냄비에 깔고, 통대구 맛이 우러난 물 (8C 정도)은 그대로 둔다.

5 ④에 우거지를 얹은 다음 ④에서 남긴 물을 붓고 중약불에서 국물이 자작할 때까지 끓인다.

6 그릇에 우거지와 통대구를 나란히 담고 남은 국물을 끼얹는다.

---

* 양념에 소량의 소고기를 잘게 썰어넣으면 된장의 짠맛을 중화하고 우거지 맛도 돋운다.

* 통대구 대신 명태를 써도 된다.

≪ 우거지통대구찜 ≫

　　　겨우내 대구를 꾸덕꾸덕하게 말린 통대구를 즐겨 먹다 보면 대가리나 너무 말라버린 몸통 살이 자투리로 남는다. 이것을 이용해서 대구볼찜이나 통대구된장찌개 등 여러 가지 별미 밥반찬을 만든다. 대가리는 작두를 사용해서 먹기 좋은 크기로 토막을 낸다.

　　　우거지통대구찜은 그 가운데 하나다. 냄비에 불린 통대구를 깔고 된장 양념한 시래기나 우거지를 얹고 국물을 잡아 국물이 자작해질 정도로 푹 조린다. 겨우내 먹는 시래기나 우거지는 비타민 등 영양이 풍부하고 여기다 통대구의 단백질까지 보태진 일품요리다.

통대구된장찌개

재료

대구 대가리, 된장, 다진 마늘, 대파(어슷 썰기) 멸치육수, 무

만들기

1 토막 낸 통대구 대가리를 물로 깨끗이 씻어 용기에 담는다. 여기에 끓인 물을 잘박하게 붓는다.

2 대가리 살이 어느 정도 물러지면 건져서 조리할 냄비에 담는다.

3 남은 물에 멸치와 다시마를 넣고 끓여서 육수를 만든다.

4 ③에 된장을 풀어서 냄비에 붓고 두툼하게 썬 무도 몇 개 넣어 끓인다.

5 다진 마늘과 대파를 넣고 한소끔 더 끓인다.

우거지 된장찌개

재료

배추우거지(우거지 대신 시래기를 써도 된다.), 된장, 소고기(차돌박이, 갈비살 등 기름이 약간 낀
소고기), 대파, 다진 마늘과 후춧가루 소량, 청량고추 소량, 멸치육수

만들기

1 우거지는 먹기 좋게 잘라서 된장에 조물조물 무쳐둔다.

2 뚝배기(적당한 냄비)를 달군 뒤 소량의 기름을 두르고 잘게 썬 소고기를 넣어 다글다글
   볶으면서 마늘과 후춧가루 소량을 넣고 조금 더 볶는다.

3 ②에 무쳐놓은 우거지와 멸치육수를 알맞게 넣고 우거지가 적당히 무를 때까지 15분 정도 끓인다.

4 다진 청량고추와 어슷썰기한 대파를 넣고 한소끔 더 끓인다.

대구요리 풀코스

타고난 '생선 보태기'인 나는 진작 생선요리 특화를 마음먹었다. 우리 집안에서 늘 즐겨 먹었던 방식인데 그 모양새로나 맛을 질 높게 다듬으면 식구들이 더 즐김은 물론이고 초대 손님들도 반길 수 있겠다 싶었다.

'동지(冬至) 대구'라는 말이 있다. 그 시점에 대구가 한창 맛이 오른다. 매년 그때 외포항 은 '대구 축제'를 연다. 성수기는 12월 중순부터 산란이 절정에 이르는 1월 중순 즈음까지. 어족 보존 때문에 매년 1월 중순부터 얼마간 금어기가 설정된다. 이후는 잡혀도 이미 알과 이리를 뽑어버린지라 대구 살은 탄력도 맛도 떨어진다. 싱싱하고 포실한 대구를 즐길 수 있 는 기간은 고작 한 달 반 정도다.

나는 알이 제법 차는 때를 놓치지 않고 암컷 댓 마리를 사서 몸통은 통대구로 말리고 내장은 알젓과 장자젓을 담는다. 알젓은 대체로 두 주면 숙성된다. 이때부터 풀코스 손님 초대도 가능해진다. 대구국은 싱싱한 생대구로 끓인다. 필요한 때마다 그에 맞춰 단골 어물전(내 경우는 거제시 외포리 생산가게의 택배 발송에 의지한다.)에 주문한다.

통대구는 먹자면 한 달쯤 걸린다. 얼마 지나지 않고 먹을 수 있는 통대구(건조 대구)부위는 뱃살이다. 숙성된 알젓은 12월 말쯤부터 한 달 동안 그 맛이 제일 좋다. 설날까지도 그런대로 괜찮다. 대구국은 생선국이므로 금어기 전에만 끓일 수 있다. 이것저것 따지면 마산식 대구 음식을 좋아하는 손님과 함께 할 수 있는 적정 기간은 많아야 5주 정도다. 겨울이면 내가 특별히 더 바빠지는 이유이기도 하다. 오랜 세월에 걸쳐 조금씩 개발한 손님 초대 대구 풀코스 요리를 소개한다.

1 전채—해초무침을 곁들인 이리 다타키

   (토치램프로 겉면만 살짝 태운 일종의 이리회. 불맛이 별미다.)

2 대파 채를 곁들인 알젓 바로 즐기기

3 고추장을 곁들인 통대구(때때로 생략)

4 저냐(煎)

5 양념구이

6 껍질 튀김(때때로 생략)

7 메인디쉬—대구국(마산 등 남도에선 대구탕이라 말하지 않는다.)

8 장자젓 무침(밥반찬, 때때로 생략)

9 후식—배셔벗

손님 초대 대구요리의 백미는 이리가 들어가는 대구국과 알젓이다. 어두일미(魚頭一味)라는 말 그대로 진미 대구국에 대가리는 물론이고 이리 또한 필수다. 이리는 조미료 역할과 함께 대구국 고유의 그윽한 맛을 낸다. 그 밖의 건더기는 국물 맛이 잘 우러나는 배 쪽 지느러미에 붙은 살, 뱃살, 꼬리 부분의 살을 쓴다. 턱주가리에 붙은 작은 살점도 말캉한 식감이 아주 좋다. 뺄 수 없는 부재료는 해초 모재기(몰)다. 국그릇 건더기 위에 얹고 뜨거운 국물을 부으면 약간 데쳐지면서 국물에 시원한 맛을 더한다.

진국을 내려면 먹을 사람의 수에 따라 장만한 건더기 양에 알맞은 물의 양을 계량해서 잡아야 한다. 끓는 물에 먼저 무를 엇비슷 잘라넣고 끓으면 연하게 소금 간을 하고, 이리를 뺀 건더기를 모두 넣는다. 끓으면 중불로 10분 정도 끓인 뒤 뚜껑을 연 채 한입 크기로 썬 이리를 넣고 마저 익힌다. 거품을 걷어내고 마지막 간도 소금으로 맞춘다. 생선국은 따끈해야 제맛이다. 뜨거운 물로 데운 유기 국그릇에 먼저 건더기를 담고 모재기를 얹은 뒤 다시 국물만 끓여 양만큼 국자로 떠서 모재기 위로 끼얹는다.

국에 곁들여 내는 양념장을 넣어야 대구국 완성이다. 흰색과 푸른색이 적당히 섞인 뿌리 쪽 대파를 단면 4~5mm 두께로 송송 썰고, 여기에 소량의 고춧가루와 맑은 멸치액젓을 넣고 무치듯이 만드는 양념장은 마지막 감칠맛을 더해주는 조미료 역할을 한다.

알젓은 간이 알맞게 숙성되면 잘랐을 때 분홍색이 돈다. 어떤 미식가는 진달래꽃 색이라 표현했다. 알맞게 자른 알젓 표면에 참기름을 조금 넉넉하게 바르고 소량의 고춧가루를 뿌린다. 곱게 썬 파채를 곁들이면 알젓의 짭조름한 맛을 완화하면서 맛도 잘 어울린다. 밥반찬으로 그저 그만인 알젓이 파채를 만나면 술안주로도 좋다.

대구국은 물론이고 각 메뉴는 각자 접시에 담아 서브한다. 주된 음식인 대구국 양이 적지도 않은데다 아무리 적어도 밥이 따라야 하니 앞의 메뉴들로 이미 배가 불러 식욕을 잃지 않게 안배한다. 곁들이 반찬은 소화를 돕는 동치미만 각자 그릇에 적당량 담아낸다. 굳이 보탠다면 얇게 저민 겨울철 별미 배추 뿌리 정도다. 국과 밥이 따라 나올 때는 잘 익은 김장김치와 장자젓 무침 약간만이다. 대구국을 먹고 나면 만복이기 마련. 배 셔벗은 그 차가움이 포만감을 줄여주고 새콤달콤한 맛은 소화를 돕는다. 번거로우나 배가 가장 맛이 좋을 때 만들어 냉동고에 두고 요긴하게 쓸 수 있다. 매번 따로 다른 디저트를 마련하기보다 오히려 경제적이고 시간적으로도 그렇다.

생선 저냐는 누구나 좋아한다. 민어저냐를 최고로 치고 그다음 격인 대구저냐는 과식하기 쉬우므로 팬에서 갓 부쳐 따끈한 상태로 각 접시에 아예 두 개씩만 담는다. 이리 다타키는 그야말로 식욕을 돋우는 전채인데, 한입 크기 두세 점에 상큼한 해초만 곁들여도 빛깔과 맛이 그만이다.

통대구는 미리 잘라서 먹기 좋게 뜯어놓고, 양념구이도 양념을 발라서 재두었다 전기 석쇠나 오븐 그릴을 예열해서 10분 정도 굽는다. 껍질 튀김은 적정 온도 기름에 껍질을 넣자마자 건져내므로 튀기는 과정은 초 간단, 미리 준비한 양념장으로 가볍게 버무리기만 하면 된다. 장자젓 무침도 미리 해둔다. 대구국은 일종의 '생선 지리'라 국 국물이 끓을 때 재료를 넣고 15분 내외로 끝낸다.

이렇듯 조리방식은 간단하다면 간단하다. 그래도 싱싱한 대구를 구입하고 손질해서 장만하기까지의 과정은 만만치가 않다. 그렇지 않아도 대구는 큰 덩치만으로도 엄두를 내기에 쉽지 않다. 생선가게에서 손질해주고, 마트에서 토막으로 포장된 대구를 살 수 있는 요즘에는 그래도 반쯤은 일을 더는 편이다.

일반적으로 생선요리는 다른 해물을 포함해서 조리법이 복잡하지 않다. 그 요체를 파악하고 나면 의외로 다른 종류 요리보다 간단하다. 싱싱한 재료가 관건이다. 모든 음식이다. 그렇지만 특히 국을 포함한 대구 풀코스 요리는 아무리 조리를 잘해도 재료 자체가 신선하지 않으면 개미 곧 '그 음식에 있어야 할 그 맛'은 기대하지 못한다.

오래 전에 서울 강남에 있는 '마산집'에 초대를 받았다. 고향 음식을 그리워하는 서부 경남 쪽 사람들이 꼬이는 식당이었다. 맛은 내 기대에 훨씬 못 미쳤다. 상업성 때문에 으레 그러려니 했다. 그렇다면 고급 일본식 식당같이 대구요리만 전문으로 하는 온전한 식당이 생길 법도 한데 생대구를 살 수 있는 기간이 한정된 탓인지 지금까지는 없는 것으로 알고 있다.

손질까지 해서 신선도를 그대로 유지한 채 산지 직송이 가능한 요즘이고 보면 대구요리는 도전해볼 충분한 가치가 있다. 버릴 것 없이 내장과 아가미, 껍질까지 통째 먹을 수 있는 그 크기에 비하면 값은 싼 편이다. 제대로 조리만 하면 맛도 맛이지만 기름기가 없는 고단백질 영양 식재이기도 하다.

대구 예찬론자요 전도사로 자처하는 나는 그 가능성을 내 요리교실에서 확인했다. 매해 요리교실 신입회원들과 함께 대구 축제 즈음 외포리로 간다. 생대구 판매장 견학을 겸한 일종의 음식 기행이다. 이른 아침 KTX로 부산역에 당도하자마자 곧 지하철과 시외버스를 바꿔 타고 외포로 직행한다. 단골 생선가게 주인장과 인사를 나누고 대구 좌판을 대충 둘러본 다음 우선 직영 식당에서 아점을 먹는다. 대구국은 물론이고 제철이 대구와 같은 아구 요리도 주문한다.

적당히 출출한데다 여행 기분으로 가벼운 반주까지 곁들이는 음식들은 으레 이구동성 꿀맛이라고 야단이다. 그 뒤에 적당한 때를 잡아 요리교실에서 그 요리들을 실습했다. 이어서 대구 풀코스도 실습해서 같이 즐겼다. 맛은 물론 음식 스타일이 식당 음식보다 고급지다고 찬탄했다. 매번 형편이 되고 의욕이 있는 회원들이 바로 집에서 배운 바 그대로 실습한 결과는 대단해 내게 보람과 함께 자신감을 안겨주었다.

그들의 성공담은 거의 한결같다. 육류나 생선을 쓰는 주된 음식에 몇 가지 다른 메뉴가 어우러지게 하는 상차림에 비하면 대구 풀코스요리는 조리 과정이 덜 번잡스러우면서도 오히려 먹는 사람들이 특별한 음식을 대접받는다고 느낀다는 반응이었다. 내가 여태껏 체험한 그대로였다. 곁들이 반찬 장만 또한 여느 상차림에 비하면 훨씬 간단해 특기 요리로 계속 연마하겠다고도 했다.

일련의 성공 사례는 대구요리 전파에 가속을 붙일 수 있는 아이디어를 낳았다. 대구 풀코스 요리 특별 강좌를 말한다. 요리 교실 회원이 아닌 일반 사람을 대상으로 대구요리만을 가르치고, 신청자가 실습부터 시식까지 하는 것.

나는 먼저 대구내장만 분리해 따로 담고 몸통은 통째로 보내 달라고 단골 가게에 부탁한다. 테이블 큰 도마에 그 대구 한 마리 몸통을 놓고 해체와 손질을 시연한다. 시어머니한테서 배운 그대로다. 대가리에서부터 몸통 부위별로 국, 저냐, 양념구이 등 용도에 맞게 자르고 손질한다.

이리 손질하기, 장자젓 담기도 시연한다. 알젓 담기는 다음 단계로 남겨둔다. 어물전에는 통상 해체하고 씻어서 내장은 따로, 몸통은 대가리를 포함해서 크게 토막을 내줄 뿐이다. 장만한 재료를 가지고 조리법을 설명하며 함께 실습해 완성한 풀코스 요리를 식탁에서 함께 나누는 순서까지가 강좌의 과정이다. 식사하는 동안 자연히 품평을 듣게 되고, 예상하는 질문에 답하는 내용이 보태진다.

대구알젓(만들기)

대구 알에 소금을 뿌려 발효시킨 음식이다. 알의 크기나 수분 함량 정도에 따라 소금 양을 달리 사용한다. 나는 시어머니의 전래 방식에 내 나름의 과학 상식을 적용하여 20년 넘게 만들고 있다. 식품의 특성은 명란젓과 거의 같다. 풍미가 더 깊다는 차이뿐이다.

재료

대구알, 소금

만들기

1 대구 몸체에서 분리해낸 알을 씻지 말고 바로 큼직한 대야에 넣고 알 표면에 천일염을 3mm 정도 두께로 많이 골고루 뿌려 12시간 정도 재운다. (큰 돌을 얹어 누르면 좋다.)

2 삼투압으로 생긴 물이 제법 짭짤해야 간이 맞다. 이때 알 밑에 있는 구멍 사이로 젓가락을 깊이 넣어 간이 잘 배었는지 확인해본다. 싱겁다 싶으면 소금을 더 친다. 소금이 녹아 다시 간을 봐야 하므로 시간이 더 걸려도 상관 없다.

3 소쿠리나 체에 (큰 돌로 눌러 받치면 더 좋다.) 받쳐 물기를 뺀 다음 용기에 담고 밀봉한다. 한겨울 서늘한 곳에서 두 주일이면 익는다.

---

* 잘라 봐서 알에 진달래 빛이 돌면 간이 잘 되었다는 표시다.

* 약간 검붉은 빛이 돌면 간이 짜다. 싱거워서 금방 부패하는 것보다는 낫다.

알젓(바로 즐기기)

재료

대구알젓, 참기름, 고춧가루, 대파, 깨소금

만들기

알젓을 1~2cm 두께로 썰어 한쪽 표면에 참기름을 넉넉하게 바르고 고춧가루와 깨소금을 뿌려
먹는다. 파를 채 썰어 물에 담가 강한 맛을 빼고 물기를 걷어낸 뒤 곁들여 먹으면 좋다. 기호에 따라
고춧가루와 깨소금 대신 참기름만 발라 먹어도 좋다.

대구알 접시.
파채와
모자반무침을
곁들였다.

통대구무침

재료

찢은 통대구 살, 고추장, 다진 마늘, 물엿(매실엑기스), 깨소금, 참기름

만들기

1 찢은 통대구 살을 젖은 베보자기에 싸서 비닐봉지로 밀폐해 꼽꼽하게 만든다.
2 고추장, 다진 마늘, 물엿, 깨소금으로 만든 양념에 ①과 참기름을 넣어 무친다.

* 멸짝 무침도 마찬가지다. 단 멸짝이 짭짤하기 때문에 물엿 양을 더 늘린다.

대구저냐

재료

대구 살, 소금, 부침가루, 달걀, 식용유

만들기

1 대구 살을 포를 떠 일반적인 저냐와 같은 크기로 자른 뒤, 소쿠리나 쟁반에 펴서 한 면에만
   소금 소량을 뿌린다. (한두 시간 지나면 표면의 물기가 없어지면서 살이 단단해진다.)
2 부침가루를 윗면에 넉넉하게 뿌리고, 털면서 뒤집어 남아 있는 가루를 다른 면에 묻힌다.
3 소금을 소량 넣고 달걀을 잘 푼다. 여기에 ②를 넣어 달걀 옷을 입히고 넉넉한 기름으로
   달구어진 프라이팬에서 몇 개씩 나누어 지져낸다. (중불에서 단시간에 지글지글 지져
   노르스름할 정도의 상태라야 생선살 수분이 그대로 살아 있어서 식감과 맛이 좋다.)

대구양념구이

재료

손바닥 반만한 크기, 1.5cm 정도 두께로 자른 몸통 살이나 뱃살 10 토막, 소금1T
양념장 다진 파 3T, 다진 마늘 1T, 고춧가루 2t, 참기름 1T, 간장 2T

만들기

1 토막낸 생선살을 소쿠리에 펴놓고 한 면에만 소금을 뿌린다. 간이 배면서 살이 윤기가 나고
   약간 꼬들꼬들하게 될 때까지 두세 시간 바람을 쏘인다. 급하지 않으면 하룻밤 또는 한나절
   두었다 쓰면 제일 맛이 좋다.
2 생선살 토막을 손바닥에 놓고 한 면에만 양념장을 얇게 발라 켜켜로 재어 놓는다.
3 전기 석쇠 예열 5분 뒤 양념한 것을 7~8분 굽는다. 오븐 그릴을 사용해도 된다.

토막낸 대구살.
소쿠리에 펴놓고
한 면에만
소금을 뿌린다.

대구껍질튀김①

통대구 살을 먹을 때 껍질을 벗긴다. 그때그때 모아둔 껍질로 만드는 음식이다. 오래 전 어느
유명한 한식점에서 명태껍질을 튀겨서 양념에 살짝 무친 요리를 맛있게 먹었다. 대구껍질로
그 음식을 흉내 내서 만들어 보았다. 북어껍질보다 훨씬 맛이 있어서 그때부터 우리 집에서 즐겨
해먹는 음식이 됐다. 손님 상차림에 내놔도 훌륭한 음식이다.

재료

통대구 껍질, 튀김 기름

양념장 고춧가루, 맛간장(간장), 설탕, 다진 마늘, 다진 파, 깨소금, 참기름, 식초

만들기

1 껍질을 네모에 가깝게 자른다.

2 160도 정도로 달군 튀김기름(2~3C)에 껍질을 두세 장씩 넣고 튀긴다. 처음에 껍질을 넣으면
   돌돌 말려들다가 조금 지나 펴지면 바로 끄집어낸다.

3 양념장을 기호에 맞게 삼삼하게 만든다. (튀긴 껍질 자체가 간간하다.)

4 ②를 볼에 담고 ③의 양념장을 숟가락으로 떠서 뿌리듯이 소량씩 골고루 넣고 재빨리 버무린다.

※ 자투리 껍질은 된장찌개에 넣으면 좋다. 물로 씻어 꼭 짠 껍질을 된장이 다 끓여졌을 때 파와
   함께 넣는다. 끓인 된장은 대구 껍질을 먼저 먹어야 식감을 즐길 수 있다. 오래 두면 물컹해진다.

대구껍질튀김②

재료

통대구 껍질, 튀김 기름

양념장 맛간장, 식초, 레몬즙, 설탕

만들기

1 튀김은 대구껍질튀김①과 똑 같이 해서 접시에 담는다.

2 양념장을 만들어 ①과 곁들여 낸다. 껍질튀김을 양념장에 찍어먹는다.

＊ 튀긴 껍질은 간을 안 해도 제법 간간하다. 맛을 먼저 보고 양념장을 기호에 맞게 만든다.

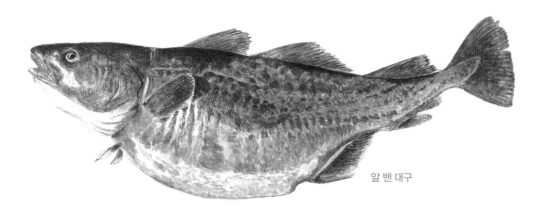

알 밴 대구

대구국

대구국은 대가리 부분으로 끓여야 제격이다. 다음으로는 뱃살이다.

식구가 많으면 꼬리 맨 끝부분 살 한두 토막도 좋다.

국물의 풍미를 더하기 위해 이리(정소)는 필수적이다.

턱주가리 살도 국에 넣어 먹는 게 제일 좋다.

(아가미를 분리해낼 때 턱주가리에 붙어있는 조그만하고 말랑한 살 조각)

맞춤한 국사발도 준비한다. 나는 옛벗 윤광조(尹光照, 1946~) 도공이 제작해준 흑유(黑釉)

분청사기로 호사를 떤다. 어느 여름 우리 집에서 민어 코스 음식을 먹은 뒤로 특별히

제작해주었다. 대구탕과 민어탕 대접에 없어서는 안 될 귀물이다.

재료 (4인분 기준)

대구 대가리(쪼개놓은 대구 대가리를 다시 2등분하면 4토막이 된다), 뱃살(사방 4 x 6cm)12토막,
턱주가리 살 1점, 이리 200g, 마른 모재기(몰) 한 주먹, 다진 마늘, 소금, 고춧가루 소량,
무(중치)1/4, 대파 (흰 부분, 2mm 정도 두께 단면으로 썰어서) 1C, 멸치액젓 1T

만들기

1 국솥에 물 6C을 넣고 끓을 때 어슷하게 빚은 무, 소금, 대구를 함께 넣는다. 다시 끓기 시작해서
10분 지난 뒤 이리(경상도에선 '곤이'라 부르는 정소)를 넣고 중불에서 5분 정도 더 끓이면서
다진 마늘을 넣고 거품을 걷어내면서 간을 본다. 간은 삼삼하게 한다.

2 국을 끓이기 전에 말린 모재기를 미지근한 물에 잠시 담가 조물조물 문질러 깨끗이 씻은 뒤
엉겨붙기 전에 적당히 먹기 좋게 썰어서 4등분해 접시에 담아 둔다. (생모재기는 그대로 쓴다.)

3 대파에 고춧가루 소량과 멸치액젓을 넣어 무친 듯한 양념장을 준비한다.

4 레인지에서 2~3분 따끈하게 데운 사발에 먼저 건더기를 건져 골고루 담고 한옆에 모재기를
얹는다. 그 사이에 국물을 한소끔 더 끓여서 모재기를 중심으로 건더기에 붓는다.

5 국을 상에 올린 다음 양념장을 섞어서 먹도록 한다.

＊ 생선국은 따끈해야 맛이 좋고, 해초에 뜨거운 국물을 부어 파랗게 데치 듯해야 부드러워지고
국물도 더 시원하게 맛을 낸다.

＊ 소금으로만 간을 한 국에 맑은 멸치액젓, 대파, 고춧가루 소량으로 만든 양념장을 넣으면
감칠 맛을 더해준다.

장자젓(만들기)

재료

대구 아가미, 내장(위대胃袋), 소금

만들기

아가미는 되도록 물로 씻지 않고 그냥 손으로 훑는 정도로 하고 위장은 칼로 갈라 내용물을
훑어낸다. 천일염으로 간을 해서 용기에 꼭꼭 눌러 담고 밀폐한다. 알젓과 같이 두 주 정도 지나면
익는다. 후간을 할 수 있다. 절여 서너 시간 뒤 생긴 물을 맛 봐서 어느 정도 짭짤하면 된다.
만약 심심하면 소금을 그때 더 넣어도 된다.

장자젓무침

재료

장자젓 1C, 알젓 50g, 무 50g, 쪽파 1/3줌, 고춧가루 3~4T, 다진마늘 2T, 다진생강 1/2T,
물엿 1.5~2T, 통깨

만들기

장자젓은 새끼손가락 한 마디 크기만큼 자른다. 무는 두께 3mm 정도에 젓갈과 비슷한 크기로
네모나게 썬다. 쪽파는 1.5cm 길이로 썬다. 볼에 장자젓과 무, 고춧가루를 먼저 넣고 버무려 잠시
둔다.(고춧가루가 퍼지면 붉은 정도를 가늠하기 수월하다.) 물엿을 뺀 나머지 재료와 양념을
다 넣고 버무린 뒤 간을 본다. 물엿과 통깨를 넣고 다시 골고루 버무린다.

장자김치

재료

무(중치) 2/3개, 당근(작은 크기) 1개, 장자젓 썰어서 2C, 대구알젓 1/3C, 쪽파 썰어서 1C

양념장 다진 마늘 3T, 고춧가루 1/2C, 설탕1T, 다진 생강 1T

만들기

1 무는 사방 13mm 두께 2~3mm 크기로 썬다.

2 당근은 사방 1cm 두께 2mm 크기로 썰고, 쪽파는 2cm 길이로 썬다.

3 장자젓 아가미는 부엌가위로 뼈를 잘라낸 뒤 적당히 토막내고 위대도 먹기 좋은 크기로 자른다.

4 큰 볼에 준비한 장자젓과 알젓, 모든 재료를 넣고 버무린다.

＊ 담근 김치는 바로 냉장고나 김치냉장고에 보관한다.

＊ 겉절이김치 같으므로 조금씩 자주 담그는 것이 좋다.

＊ 장자젓과 알젓의 양은 젓갈의 염도에 따라서 조절해야 한다.

＊ 젓갈의 양이 많아 김치가 짜면 국물이 많이 생기고 장자젓도 질겨져 김치 맛이 떨어진다.
   적당히 짭잘한 정도가 제맛이다.

통대구①

재료

대구

만들기

1 대구를 손질해서 아가미와 알 또는 이리를 분리해내고, 턱주가리에 붙은 살도 도려낸 다음
몸통을 흐르는 물로 씻는다.

2 텅 빈 뱃살에 소독저를 끼워 배를 벌려 고정시키고, 입 끝에 S자 형 쇠고리를 끼워 햇빛이 들고
바람이 잘 통하는 곳에 걸어두고 말린다.

3 한겨울에 얼고 녹으면서 마르기를 반복하기 약 한 달, 그때부터 먹을 수 있다. 아가미와 내장을
빼고 난 다음 씻어서 말린다 해도 등뼈 쪽에 고인 피가 건조하는 과정에서 발효되어 통대구
특유의 알싸한 맛과 풍미가 생긴다.

4 작두를 사용해서 7~8cm 길이 단면으로 잘라 껍질을 벗기고 발려낸 살은 깊은 곳은 말랑하고
바깥쪽은 꼽꼽한 상태일 때 맛이 제일 좋다. 가장 먼저 건조되는 얇은 뱃살도 독특한 식감이
있다.

5 통대구는 고추장에 찍어 먹는 방식이 제격이다. 그러나 매운맛을 싫어할 경우 고추장에 매실
엑기스나 물엿, 배즙으로 적당히 묽은 양념장을 만들어 먹을 수 있다.

＊ 껍질은 하나도 버리지 말고 그때그때 소쿠리에 담아 말려 따로 보관한다.

통대구② (멸짝)

재료

대구, 소금물

만들기

1 대구 대가리 부분만 제거하고 배 쪽으로 반을 갈라 내장을 제거하여 깨끗이 손질한다.

2 ①을 심심하게 간을 한 소금물에 하룻밤 담가놓는다. (대구가 마르면 간이 세진다.)

3 담가놓았던 대구를 다시 한번 헹구어 머리 쪽으로 꼬챙이를 끼워 매달아서 말린다.

※ 꾸덕꾸덕할 때 초고추장이나 그냥 고추장에 찍어 먹으면 맛있다. 바짝 말린 뒤 토막 쳐서
    냉동고에 넣었다 살짝 구워 두드려서 찢어 그냥 먹거나 양념장에 무쳐 먹는다.

※ 대가리는 꾸덕하게 말려 된장 양념을 발라 찜통에 쪄서 먹는다. ('대구볼찜' 참조)

대구볼찜

재료

대가리 1개 (저냐거리를 뜨고 남은 뼈대 살도 이용할 수 있다.)

양념장 된장 4T, 맛술 2T, 다진 파 3T, 다진 마늘 1T, 참기름 1T

만들기

1 대가리는 두 쪽으로 자른다.

2 양념장을 바른다. 눈 가장자리와 살이 있는 부위에 양념장을 조금 더 바른다.

3 찜 냄비에 종이 호일을 깔고 ②를 앉힌 뒤 20~30분 찐다. 다 됐을 때 살이 익으면서 나온
   국물이 종이 호일에 흥건히 고인다.

4 그릇에 담을 때 국물도 같이 담아낸다.

──────────────────────────────

* 이리를 곁들여도 좋다.

* 꾸덕꾸덕하게 말린 대가리로 찜을 하면 쫄깃한 식감을 즐길 수 있다.

대구볼찜.
한잔 술이 어울린다.

대구이리시래기국

재료

대구이리, 무시래기, 멸치육수, 된장, 파, 다진 마늘, 들깨가루

만들기

1 삶아서 껍질을 벗긴 무시래기는 2cm 정도의 길이로 썰어 냄비에 담고 된장을 넣어 조물조물 무친다.

2 이리는 적당한 크기로 송송 썰어놓는다.

3 ①에 멸치육수를 넣고 끓으면 ②를 넣어 한 소끔 더 끓이면서 거품을 걷어낸다.

4 ③에 다진 마늘과 어슷 썬 대파를 넣고 끓으면 들깨가루를 수북이 한 숟갈 넣어 휘리릭 저으면서 불을 끈다.

알젓스프레드

재료

대구알젓, 크레커, 레몬즙

만들기

소금기가 없는 크레커 가운데에 알젓을 바르고 레몬즙 몇 방울을 뿌려 알젓 카나페로 만들어 먹는다. 손님 접대 때는 그 위에 깨끗이 씻은 레몬 껍질을 얇게 떠낸 것을 가늘게 채썰어 몇 조각 끼었으면 모양도 예쁘고 맛도 좋다. 마찬가지로 바게트 빵 조각에도 기호에 따라 발라 먹어도 좋다.

대구알젓뭇국

재료

대구알젓, 무, 생강, 달걀노른자, 대파(푸른 부분), 다시마육수, 국간장, 소금

만들기

1 다시마는 적당량의 물에 20분 정도 담갔다가 약불에서 끓기 직전에 불을 끄고 다시마를
  건져낸다.
2 3mm 두께로 나박썰기한 무와 생강을(한 쪽 저며서) 넣고 끓인다.
3 무가 익으면 불을 약하게 줄이고, 생강은 건져내고, 달걀노른자와 섞은 대구알젓을 숟가락으로
  2/3t씩 떠 넣는다.
4 국물이 말갛게 되면 국간장과 소금으로 간한 다음 대파를 얇게 송송 썰어넣고 바로 불을 끈다.

---

* 두부에 소금을 약간 뿌려서 물기를 빼고 1cm로 깍둑 썰어 대구알젓과 함께 넣으면 좋다.
* 다시마육수에 맑은 양지머리 육수를 섞어도 좋다.
* 명란도 세로로 칼집을 내고 뒤집어서 알만 발라내 쓸 수 있다.

대구알젓두부찌개

재료

대구알젓 (또는 명란젓) 1~2큰술, 두부 60g, (무), 고춧가루, 대파 (뿌리 쪽) 7cm, 건새우 반 줌,
다시마 5×5 1장, 양파 20g, 다진 마늘 1작은술, 새우젓 약간, 참기름 1작은술

만들기

1 건새우와 다시마를 물 2C에 넣고 10분 끓여 육수를 낸다. (멸치육수를 써도 좋다. 양지머리
   육수를 섞어도 좋다.) 양파, 대파를 납작하게 썰고, 두부도 적당한 크기로 썬다.

2 뚝배기나 냄비를 달구고, 참기름 1작은술을 넣고 조금 뒤 다진 마늘, 양파, 대파, 고춧가루를
   넣고 볶다가 육수를 넣는다.

3 ②에 알젓, 두부를 넣고 끓인다. 마지막에 새우젓으로 간을 맞춘다.

---

* 양지머리육수를 섞으면 국물이 싱거워져 새우젓으로 간을 맞추기 쉽고 맛도 좋다.

알무침

재료

대구알젓, 다진 파, 고춧가루, 깨소금, 참기름

만들기

용기에 필요한 알젓 그리고 알젓 껍질도 조각을 내서 담고 다진 파, 고춧가루, 깨소금, 참기름으로
무쳐 낸다. 며칠 동안을 냉장 또는 김치 냉장고에 보관해두고 먹을 수 있다.

___

* 마늘은 넣지 않는다.

알젓달걀찜

재료

대구알젓, 달걀, 다진 파(잎사귀 부분만 색스럽게 쓴다.), 또는 다진 쪽파, (맛술 1T)

만들기

1 달걀을 물과 함께 잘 풀어놓는다. (부드럽게 하려면 체에 내린다.)
2 뚝배기에 물 1T와 식용유 1/2t을 넣어 끓을 때까지 뚝배기를 달군다.
3 여기에 ①을 넣어 가장자리 달걀이 엉길 때까지 숟가락으로 젓는다.
4 ③이 어느 정도 익을 때까지 뚜껑을 덮고 약불에서 끓인다.
5 ④가 덜 익은 상태에서 대구알젓과 맛술을 넣고 휘저으면서 간을 맞춘 뒤 다진 파를 끼얹고
    뚜껑을 덮은 채 약간만 더 익힌다.

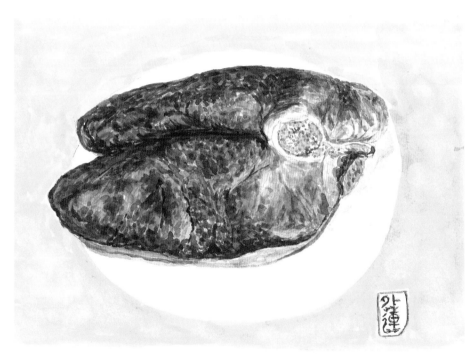

완성된 대구알젓 1봉

알젓달걀말이

재료

대구알젓, 달걀, 다진 파(다진 쪽파), 맛술 약간, 식용유

만들기

1 발효 음식이어서 달걀에 알젓을 넣고 휘저어 풀면 달걀의 끈기가 삭아버린다. 프라이팬에
   기름을 넉넉히 두르고 달걀만 그릇에 대충 풀어 적당히 편다.

2 맛술을 섞은 알젓을 숟갈로 떠서 몇 군데 얹고 다진 파를 뿌린 뒤 말면서 지진다.

---

* 비린내를 잡기 위한 맛술은 생략할 수 있다.

알젓달걀말이

배춧국

재료

배추, 멸치육수, 양지머리육수(사태육수), 찌개용 고추장(없으면 고춧가루), 된장, 다진 마늘, 대파

만들기

1 배추는 세로로 길게 먹기 좋은 크기로 찢어 놓는다.

2 멸치육수와 양지머리육수를 반씩 섞은 국물에 찌개용 고추장과 된장을 1:2 비율로 풀어서 끓인다.

3 ①을 넣고 2~3분 끓인 뒤 다진 마늘과 어슷 썬 대파를 넣고 끓으면 마무리한다.

김속대기쪽파무침

재료

김속대기(파래김), 가시리(붉은 색 해조 말린 것. 없으면 생략), 국간장, 간장, 깨소금, 참기름, (쪽파)

만들기

1 쪽파는 3등분으로 자른다. 끓는 물에 뿌리 쪽 흰 부분부터 차례대로 넣은 뒤 바로 체에
   부으면서 찬물을 끼얹어 식힌다. 국간장으로 무쳐둔다. (맑은 멸치 액젓 또는 까나리 액젓으로
   무쳐도 좋다.)

2 김속대기는 찢어서 가시리와 합한다. 먼저 물을 뿌려 어느 정도 촉촉하게 만든 뒤 진간장을
   넣고 무친다. 여기에 ①을 섞은 뒤 깨소금과 참기름을 넣어 무친다.

※ 가사리는 붉은 색이라 같이 무치면 색스럽고 맛도 좋다. 쪽파는 생략할 수도 있다.

청어소금구이

재료

청어, 소금

만들기

전어와 똑같이 내장과 대가리를 둔 채 소금구이를 한다.

청어회

재료

청어, 쪽파, 와사비간장

만들기

1 싱싱한 청어는 비늘을 치고 대가리와 내장을 제거한다. 세장뜨기 한 뒤 껍질을 벗기고 회감으로
   썰어 먹는다. 송송 썬 쪽파를 위에 올리고 와사비간장에 찍어 먹는다.

2 세장뜨기 한 뒤 한나절 숙성시켰다가 껍질을 벗기고 같은 방법으로 조리해도 좋다.

청어. 싱싱한 생선의 살을 얇게 저며서 간장이나 초고추장에 찍어 먹는 음식.
국어사전의 '생선회' 설명이다. 세계에서 생선을 날것으로 즐겨먹는 나라는 한국과 일본밖에 없는
것으로 알려져 있다. 이탈리아 사람들은 날것에 올리브기름을 뿌려 먹는다.
그러나 일본인들이 즐겨 먹는 생선회는 날것이되 '숙성'이라는 과정을
거친다는 점에서 한국 것과 좀 다르다.

생굴(그대로 즐기기)

재료

생굴(half shell), 레몬, 토마토케첩, 홀스레디쉬

폰즈 양념장 폰즈에 다진 쪽파나 대파, 소량의 고춧가루를 넣는다.

만들기

1 흐르는 물에 생굴 표면을 살짝만 씻는다. (껍질을 깔 때 굴에 남은 부스러기를 제거)

2 ①을 접시에 담고 생굴 하나하나에 레몬즙을 뿌린다. 이때 굴 가장자리가 오그라들어야 싱싱한
   것이다.

3 ②에 토마토케첩과 홀스레디쉬를 끼얹어 먹거나 폰즈 양념장을 끼얹거나 식성에 따라 선택한다.

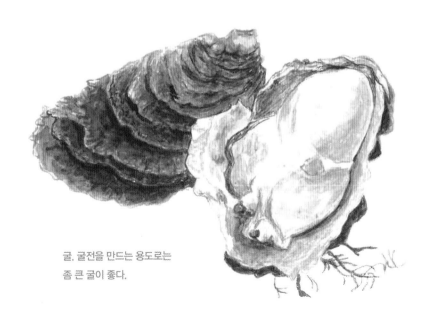

굴. 굴전을 만드는 용도로는
좀 큰 굴이 좋다.

굴무침 ①

재료

굴(작은 것, 중간 크기), 잘게 썬 쪽파 또는 대파, 레몬즙 조금, 폰즈(상품 일본제)

만들기

깨끗이 씻은 굴에 쪽파와 폰즈를 넣고 간을 맞춘 뒤 레몬즙을 소량 첨가한다.

---

* 굴무침은 애피타이저로 좋다. 예쁜 그릇에 담아 손님 초대 밥상에 올릴 수 있다.

굴무침 ②

재료

굴 600g, 소금, 레몬즙, 참기름, 무(150g), (단감, 배)

양념 다진 마늘 1과1/2T, 고춧가루 3~4T, 대파 1/2대, 쪽파 반 줌, 소금 1T, 멸치액젓 2T, 생강즙 1T, 통깨 2T, 물엿 2T

만들기

1 굴에 물 1/2C과 소금 2T를 넣고 조물조물 주물러 물로 두세 번 헹군 뒤 체 밭쳐 물기를 뺀 다음 소금 1/2T, 레몬즙 2T, 참기름 1T로 밑간해 둔다. 15분쯤 뒤에 다시 물기를 뺀다.
2 무와 단감은 나박썰기한다.
3 대파는 반으로 잘라 송송 썰기, 쪽파 흰 부분은 1cm, 잎은 2cm로 썰고 나머지 양념 재료와 섞는다.
4 볼에 ①, ②, ③을 넣고 섞는다. 간이 싱거우면 소금으로 맞춘다.

《 굴 요리 》

굴은 바다의 우유라 부른다. 단백질도 풍부하고, 칼슘도 풍부하다. 굴이야말로 겨울 보약이라고 하겠는데, 우리는 대체로 그 이점을 잘 모르지 않나 싶다.

우리나라는 굴 양식 산업이 잘 발달해 있다. 물량은 많고 소비량이 적어서인지 값이 싸다. 귀한 줄 모르기 때문일까. 반면 구미는 비싸기도 하고 고급음식으로 치부한다. 그곳 여행에서 그 사실을 실감한다. 우선 우리가 생산하는 굴은 미국산이나 유럽산에 비하면 값이 엄청나게 싸다. 그렇다고 맛이 덜하지도 않다.

굴은 9월 중순부터 살이 오르기 시작해서 이듬해 4월까지가 제철이다. 꽤 긴 기간 여러 가지 굴 요리를 즐길 수 있다는 말이다.

굴 요리는 영어로 하프셸(halfshell)이란 생굴 회를 비롯해 굴국, 굴전, 굴튀김, 굴무침, 굴파스타, 굴젓, 굴깍두기, 김치 굴전 등 그 메뉴가 부지기수다. 나는 어물전에 굴이 등장하면 '생굴 그대로 즐기기'부터 시작해서 그때그때 메뉴를 선택한다.

씨알이 굵게 살이 찌면 굴튀김을 한다. 김치 굴전은 늘 밥상에 올리는 김치를 손쉽게 이용하는 별미 음식이다. 집에서 김장하기를 고수하는 나는 배추김치가 맛있게 익으면 김치 굴전을 개시한다. 굴젓은 조금 짭짤하게 만들어 겨우내 밑반찬으로 요긴하게 쓴다. 천일염을 넣고 박박 문지르고 헹궈 느른하고 거무스름한 이물질을 제거한 깨끗한 굴을 잘게 썬 생률과 함께 엿기름물에 푼 양념장에 버무려 숙성시킨다. 이렇게 만든 굴젓은 일반 상품과는 비할 바 없이 풍미가 깔끔하다. 제철 맛이 끝날 무렵인 초봄, 향긋한 달래장을 곁들인 굴밥은 나의 '굴 즐기기' 마지막 메뉴다.

굴전

재료

굴(조금 큰 것), 쪽파, 부침가루, 달걀, 소금(굴 세척용)

양념 소금, 쪽파(송송 썬 잎사귀) 적당량, 참기름 약간

만들기

1 굴은 소금을 넣고 형태가 깨지지 않게 약간만 주물러 깨끗이 씻어 체 밭쳐둔다.

2 끓는 물에 ①을 넣고 5초 뒤에 체에 부어 물기를 없앤다. 필요하면 종이타월로 눌러 물기를 더 없앤다.

3 ②를 볼에 담고 양념으로 무친 뒤 부침가루를 넣고 버무려 옷을 얇게 입힌다.

4 그릇에 달걀을 곱게 풀고 ③을 넣어 섞는다.

5 프라이팬에 기름을 두르고 숟가락으로 ④를 적당한 크기로 떠서 지져낸다.

굴밥

재료

굴(되도록 자잘한 것, 또는 중간 정도 크기), 은행, 다시마 1장(손바닥 크기), (우엉, 버섯, 죽순)
달래장 달래를 손질해서 1.5cm 길이로 썰어서 볼에 담고 여기에 고춧가루와 간장을 넣고 섞는다.
맛간장을 쓰면 더 좋다.

만들기

1 굴은 소금을 조금 넣고 느른하고 거무스름한 물질이 다 빠질 때까지 과감하게 주물어 물로
   씻어내고, 한 번 더 행구면서 껍질을 제거하고 체에 밭쳐서 물기를 뺀다.

2 밥 지을 쌀을 씻어 30분 정도 체 밭쳐 놓는다.

3 **다시마 물**: 물 1C에 다시마를 넣고 뚜껑을 연 채 중불로 끓여 다시마 가장자리에서 거품이 나면
   불을 끄고 다시마는 건져낸다.

4 은행은 프라이팬에 기름을 약간 두르고 중불에서 볶다가 은행이 연두 빛을 띠면 끝낸다.
   키친타월로 은행껍질을 벗긴다.

5 쌀에다 은행을 얹고 다시마 물로 밥을 고슬고슬하게 짓는다. 밥이 다 되기 10분 전에 굴을 넣고
   마저 뜸을 들인다. 은행과 굴을 같이 넣어도 된다.

6 주걱으로 밥을 골고루 섞어 그릇에 담고 달래장을 곁들인다.

＊ 보통 밥물보다 적게 잡는다. 굴에서 물이 생기기 때문이다.

＊ 달래는 듬뿍, 간장은 소량이라야 달래장이 맛있다.

굴튀김

재료

굴(큰 것) 300g, 레몬 1/2개, 튀김기름 600ml

굴 밑간: 일본제 생간장(또는 간장) 3T, 청주 1T, 레몬껍질 1/2개 분량

튀김옷: 밀가루 3T, 달걀 2개, 빵가루 2C(120g)

만들기

1 굴은 흐르는 물에 살살 씻은 뒤 건져 물기를 제거한다.

2 레몬껍질은 곱게 다진다.

3 그릇에 굴 밑간 재료를 넣고 섞은 뒤 굴을 넣어 2시간 정도 냉장고에서 재운다.

4 그릇에 달걀을 곱게 풀고 다른 그릇에 각각 밀가루와 빵가루를 담는다. 재운 굴은 체에 밭쳐
   물기를 닦은 뒤 밀가루, 달걀물, 빵가루 순서로 튀김옷을 입힌다. (특히 빵가루를 묻힐 때는
   튀길 때 폭발하지 않도록 손으로 꼭꼭 누른다.)

5 180도 기름에 하나씩 넣어 노릇하게 튀겨낸다. 신선한 굴은 생으로도 먹을 수 있으니 오랫동안
   튀길 필요가 없다. 굴이 기름 속에 오래 있으면 물기가 배어나 바삭하게 튀겨지지 않는다.
   겉면이 노릇해지면 바로 건져낸다.

6 그릇에 담고 레몬을 몇 조각 곁들인다. 굴에 밑간이 되어 있으므로 다른 소스는 필요 없다.

﹡ 밑간에 쓰는 레몬 대신 귤이나 유자, 한라봉 등 다른 시트러스 류 과일 껍질을 사용해도 된다.

어리굴젓

재료

굴 1근, 고운고춧가루 3T, 엿기름, 소금, 다진 마늘 2T, 다진생강 1.5t, 밤

만들기

1 자잘한 자연산 굴을 소금으로 과감하게 주물러서 거무스레하고 미끈미끈한 물이 안 나올 때까지 여러 번 씻는다. 굴 껍질을 잘 골라내 버린다. 굴은 소금에 짭짤하게 절여 하루 동안 숙성시킨다.

2 소금 간이 밴 굴을 또 씻어 미끈거리는 것을 완전히 제거한다.

3 밤은 사방 7mm, 두께 2mm로 썬다.

4 엿기름물에 고운 고춧가루를 푼다.

5 ④에 다진 마늘, 다진 생강을 넣고 잘 섞는다.

6 밤과 굴을 넣고 버무리면서 간을 보고 싱거우면 소금을 더 넣는다.

＊ 굴도 먹어보고 국물도 맛보아서 간이 짭짤해야 맞다. 금방 먹을 것은 간을 조금 삼삼하게 한다.

＊ 굴을 과감하게 주물러 씻어 이물질을 제거하면 젓이 훨씬 깔끔하다.

＊ **엿기름물**: 따뜻한 물 1.5C에 엿기름 1/3C을 넣고 30분 뒤에 쌀 씻듯이 치대고, 체에 밭쳐 둔다. 엿기름물이 가라앉으면 윗물만 1/2C 정도 따라서 쓴다. 엿기름물이 젓국을 맑게 숙성시킨다.

김치굴전

재료

배추김치, 굴, 부침가루, 달걀, 참기름, 후춧가루, 식용유, (치자)

만들기

1 배추김치는 물에 씻은 뒤 꼭 짜서 굴보다 약간 더 길게 썬다. 여기에 참기름, 후춧가루를 넣고
  조물조물 무쳐 놓는다.
2 굴은 씻어 체 밭쳐 물기를 뺀 다음 끓는 물에 5초 데쳐서 체에 다시 밭쳐 물기를 뺀다.
3 굴과 김치를 꼬치에 번갈아 끼운다.
4 부침가루에 굴렸다가 달걀옷을 입혀 팬에 지져낸다.

＊ 굴이 크지 않으면 꼬치에 듬성듬성 끼운 김치와 굴을 부침가루에 굴린 다음 김치만 먼저
  달걀옷을 입혀 팬에 얹고, 곧바로 달걀옷을 입힌 굴을 두세 개씩 김치 사이에 끼워넣고 지진다.

매생이굴국

재료

굴, 매생이, 멸치육수, 국간장, 참기름, (마늘)

만들기

1 물 1L에 멸치 반 움큼을 넣고 육수를 낸다. 끓기 시작하면 중약불에서 15분 정도 더 끓인다.

2 육수가 끓는 동안 매생이와 굴을 씻는다. 매생이는 물에서 잘 풀어지므로 체에 담고 흐르는 물에서 씻는다.

3 냄비에 참기름 1/2T쯤 두르고 달구어지면 굴을 넣고 색이 하얗게 될 때까지 볶는다.

4 매생이를 넣고 휘리릭 볶은 뒤 육수를 넣는다.

5 끓어오르면 마늘 소량과 국간장을 넣어 간을 맞추고 마무리한다.

＊ 매생이는 오래 끓이면 풀어진다.

＊ 굴은 자잘한 것 또는 중간 크기가 좋다.

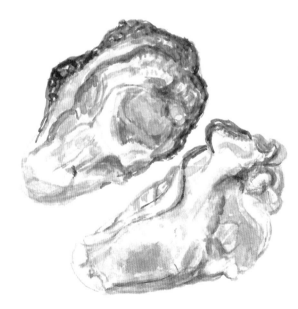

굴. 보통 참굴류와 진주굴로
나뉜다. 참굴류는 일찍부터
식용으로 양식되었으며, 진주굴은
진주 때문에 귀히 여겨왔다.
굴은 보통 여름에 번식하며,
식용으로 쓰이기까지는 3~5년
정도 걸린다고 한다. 진주는
보통 5년 이상 된 굴에서
생기는데, 식용굴에서도 진주가
만들어지지만 가치는 없는
것으로 되어 있다.

가시리볶음

재료

가시리 50g, 김 1장, 들기름, 소금, 통깨

만들기

1 말린 가시리는 잡티를 없애고 깨끗이 손질한다.
2 김은 먹기 좋은 크기로 뜯어 둔다.
3 달군 팬에 들기름을 두르고 가시리와 김을 넣고 볶다가 불을 끄고 소금을 뿌려 재빨리 간한다.
4 통깨를 뿌린다.

《 가시리볶음 》

갯가 바위에 붙어 자라는 해조류로 생김새가 가시를 닮았다 하여 가시리라 부른다. 양식하지 않는 해조류로서 바다가 점점 오염됨에 따라 생산량이 줄어들고 있다. 통영·거제·마산 등 해안 도시 재래시장에서는 아직도 어렵지 않게 구할 수 있는 식재다.

무쳐 먹어도 좋지만 기름에 살짝 볶으면 고소한 맛과 찌르는 듯 바삭한 식감이 매력적이다. 특히 자줏빛 색깔은 김이나 김자반의 검은색 해조류와 섞어 조리하면 색스러움이 더해진다. 크게 비싸지도 않은 식재인데 구할 수만 있다면 조리하기도 초간단하고 고급스럽게 보이기도 한다.

≪ 아구(아귀)찜 ≫

세월 따라 말에 어휘와 표현이 바뀌듯 음식 또한 그렇다. 아구찜이 좋은 보기다. 아구찜 하면 으레 '마산 아구찜'을 떠올린다. 정작 마산 출신인 나는 그 음식이 서울에서 유행하기 전엔 먹어 본 적이 없다. 어획량이 풍부하던 옛날에는 어부가 다른 생선에 딸려오면 그냥 바다에 던져버렸을 정도로 천대받던 아구였다. 이젠 값도 비싼 인기 메뉴 식재로 둔갑했다.

오래 전 그 음식을 체험해 보았다. 큼지막한 접시 수북이 담긴 찜은 콩나물이 잔뜩 들어간 채소가 대부분, 아귀는 몇 점을 먹고는 젓가락으로 헤집어 찾아야 할 정도로 적었다. 진한 매운맛에도 질렸다. 그럼에도 아귀의 졸깃한 식감과 특이한 맛은 내게 영감을 주었다.

아구찜은 내 장기 음식 가운데 하나인 미더덕찜과 같은 쟁반이라 할 수 있다. 같은 채소에다 같은 조리법이란 말이다. 그래서 두 가지를 합해 아귀를 주재료, 미더덕을 부재료로 삼아 나만의 '아구찜①'을 개발했다. 미더덕찜 주재료인 미더덕은 특유의 맛으로 아구찜의 풍미를 더해준다. 시중 식당의 아구찜에 들어 있는 오만둥이에서 아이디어를 얻었다. 미더덕과 맛이 비슷하다 해서 값싼 오만둥이를 넣지만, 그 깊은 맛은 단연 미더덕이다.

이후 요리 교실을 진행하면서 새로운 메뉴 '아구찜②'를 개발했다. 밑간해서 쪄낸 아귀살을 데친 미나리와 콩나물(숙주) 위에 얹고 쪽파 양념장을 곁들이면 그 모양새가 세련되면서도 맛깔스럽다. 복어회 비슷한 담백미로 구미를 당기는 아귀회도 집에서 어렵지 않게 산지 식당에 비교해 깔끔하게 장만할 수 있게 됐다.

"아귀는 간(肝)을 먹기 위해서 산다"라는 말이 있다. 사실 아귀는 간과 대창이라 부르는 위대 그리고 나머지 창자를 함께 찜통에 쪄내서 양념장에 찍어 먹는 요리가 제일 맛있고, 푸짐한 느낌도 준다. 더해서 콩나물에 아귀국거리 부분과 내장을 섞어넣고 끓인 다음 미나리를 얹어내는 맑은 국도 좋다. 같은 재료에다 바지락을 조금 넣고 얼큰하게 끓이는 서더리매운탕도 일품이다.

아귀는 대구처럼 겨울이 제철이고 클수록 좋다. 나는 해마다 거제 외포항으로 가서 대구와 함께 그날 잡은 가장 큰 아귀도 한 마리 사온다. 푸짐하게 아귀찜을 만들어 친구와 함께 즐기곤 한다.

2022년엔 그동안 즐겨온 메뉴들을 응용해 '아귀 풀코스' 요리를 개발했다. 우선 생선요리에 일가견이 있다고 자처하는 우리 내외가 가격 대비 그 맛의 우수함에 놀랐고, 두어 차례 손님들을 대접했더니 대구요리 못지않게 반응이 좋았다. 나는 어느 결에 겨울철 접시로 아귀 예찬론자가 됐다. 요리는 창의력이 바탕인 예술임을 새삼 확신했다.

아귀는 단백질은 물론, 껍질에 특히 많은 콜라겐이 아귀 특유의 쫀득한 식감을 낸다. 피부 노화 방지와 함께 탄력을 준다는 고급 화장품 성분이 바로 그 콜라겐인 것. 그런데 지금까지 쓰이고 있는 동물성 콜라겐보다 생선에 함유된 것이 피부 흡수력이 월등하다는 학설이 유력해지고 있다니 아귀요리는 앞으로 더 대접을 받을 공산이 크다.

아귀회 꼬리 쪽 깊은 살을 횟감으로 포를 떠서 껍질을 벗긴다. 생선 살에 수분이 많으므로 종이 타월로 두껍게 싸서 냉장고에서 서너 시간 숙성시킨다. 5mm 정도 두께로 썰어서 살을 펴서 납작하게 접시에 담고 다진 파를 넣은 폰즈(일본식 초간장)를 곁들여 낸다. 생미나리와 같이 먹으면 별미다.

아귀국 회나 찜용으로 쓰고 남은 살, 뼈, 껍질을 쓴다. 냄비에 물을 잡고 빚은 무와 소금을 넣고 끓을 때 건더기 재료를 넣는다. (내장 가운데 간을 조금 넣으면 좋다.) 끓으면 중불에서 5분 정도 더 끓인 뒤 마늘과 파를 넣고 한소끔 끓이면서 간을 맞춘다. 마지막에 뚜껑을 덮은 채 미나리를 한 줌 올리고 잠시 뒤 불을 끈다.

아귀매운탕 레시피 〈생선매운탕〉 참조. 아귀국과 같은 재료에다 바지락이나 모시조개를 약간 넣으면 좋다. 아귀국처럼 미나리를 넣는다.

꾸덕하게 말린 아귀.

아구찜①

재료

아구, 미더덕, 미나리, 콩나물(찜용), 쪽파, 식용유, 다시마 물 또는 양지머리 육수,

찹쌀가루(3)+녹말가루(1) 비율, 참기름, 매실 엑기스

양념장 찜양념장(p.321) 참고

만들기

1 아구는 표면을 소금으로 문지르고 찬물에 씻어 미끄러운 이물질을 제거한 뒤 먹기 좋게 토막
   낸다. (요즘은 생선가게에서 토막을 내준다.) 미더덕은 과일칼로 물주머니를 터뜨려 뻘을 빼고
   씻어서 물을 넣지 않고 부루룩 한 번만 끓여 놓는다. 미나리와 쪽파는 4~5cm 길이로 썰고,
   콩나물은 소량의 소금을 뿌려 데쳐놓는다. (미더덕과 콩나물에서 생기는 물은 남겼다가 채소와
   함께 넣는다.)

2 양념장 양은 아구와 채소의 양에 따라 조절한다.

3 우묵한 팬에 기름을 두르고 달구어지면 준비한 아구를 넣고 볶는다. 표면이 허옇게 익으면
   양념장을 반만 넣고 골고루 뒤섞어 볶은 뒤 냄비 바닥에 소량의 물을 붓는다.

4 뚜껑을 닫고 끓여 아구가 거의 익으면 미더덕과 쪽파, 미나리, 데친 콩나물을 순서대로 올리고,
   뚜껑을 닫은 채 채소가 익으면 나머지 양념을 넣어 골고루 2분 정도 버무린다.

5 다시마 국물 또는 양지머리 육수에 찹쌀가루와 녹말가루를 풀어서 ④의 가운데 우묵하게 홈을
   파서 붓고 끓을 즈음 재빨리 뒤적이면서 익힌다. 불을 끄고 참기름으로 맛을 낸다. 이때 매실
   엑기스 1T를 넣으면 좋다. 부족한 간은 멸치액젓(까나리액젓)으로 맞춘다.

＊ 아구는 하루정도 약간 꾸덕하게 말려서 조리하면 가장 식감이 좋다.

＊ 해물요리 양념장은 간장 대신 소금을 사용해야 칼칼한 맛을 살릴 수 있다.

＊ 불로 조리하는 시간은 15분 정도로 짧게 해야 국물이 흥건하지 않고 깔끔한 찜을 만들 수 있다.

아구찜②

재료

아구 60g짜리 4쪽, 미나리 100g, 숙주 100g, 소금, 참기름, 대파잎

밑양념 소금 1/2t, 청주 1T, 저민 생강 2쪽, 후춧가루, 참기름 1/3t

양념장 간장 1T, 소고기 육수(또는 다시마 육수) 1T, 쪽파 2줄기(송송 썬 것), 다진 홍고추 약간, 통깨 1t, 참기름 1t

만들기

1 아구에 준비된 밑양념 재료를 섞어서 뿌려 20분 정도 잰다.

2 미나리는 다듬어서 4cm 길이로 썬 다음 끓는 물에 넣자마자 체에 쏟아붓고 찬물을 끼얹어 식힌 뒤 물기를 짠다. 숙주는 거두절미하고 데친 뒤 건져 물기를 뺀다. 미나리와 숙주를 섞어 소금과 참기름으로 무친다. (숙주 대신 콩나물을 써도 된다.)

3 찜통에 대파잎을 깔고 찜통 물이 끓을 때 밑간한 아구를 넣어 6~7분 찐다.

4 그릇에 미나리와 숙주를 섞어서 담고, 그 위에 아구찜을 올리고 양념장을 끼얹는다. 여분의 양념장은 따로 종지에 담아 곁들여낸다.

운치 살려 사발에 담은 아구찜.

톳나물

재료

톳, 두부, 소금, 깨소금, 참기름

만들기

1 톳은 소금을 소량 넣고 조물조물 무치고 깨끗이 씻은 뒤 끓는 물에 넣자마자 건져서 찬물로 헹궈 적당한 크기로 자르고 짠다.
2 두부는 베보자기로 꼭 짜서 물기를 뺀다.
3 ①과 ②를 볼에 담고 소금, 깨소금, 참기름으로 무친다.

파래무침

재료

파래, 설탕, 소금, 식초, 간장, 무, 파(흰 부분), 고춧가루, 깨소금, 까나리 액젓(멸치 액젓), (당근)

만들기 1

1 파래는 체에 담은 채 가볍게 씻고, 잡티를 제거한다. 가로 새로 칼집을 넣어 썬 다음 짠다.
2 젓국에 무쳤다가 잠시 후 다시 짠다. 마늘, 고춧가루 약간, 다진 파, 간장(싱거울 때), 깨소금, 참기름을 넣고 무친다.

만들기 2

1 채 썬 무와 당근에 설탕, 소금, 식초를 넣어 무치고 조금 뒤에 살짝 짠다.
2 ①에 파래, 대파(어섯 썰기), 깨소금, 간장(싱거울 때)을 넣고 조물조물 무친다.

몰(모자반)동치미무무침

재료

생(生)몰 또는 데친 것, 동치미무, 멸치액젓(까나리액젓), 마늘, 참기름, 고춧가루 약간

만들기

1 몰은 가운데 줄기에 조롱조롱 붙어 있는 연한 잎만 손으로 떼내 먹기 좋게 자른다. 소금을 소량
    넣고 조물조물 무친 뒤 깨끗이 씻어 잡티를 제거하고 살짝만 데친다. 동치미무는 채 썬다.
2 ①에 액젓, 마늘, 깨소금, 고춧가루, 참기름을 넣고 무친다.

---

* 데칠 때는 끓는 물에 넣자마자 꺼내 찬물에 헹군 뒤 꼭 짠다.
* 동치미를 맛있게 하려면 국물에 비해 무를 많이 넣기 때문에 무는 언제나 남게 된다. 이 무를
    이용하는 메뉴다.

《 톳나물 》

톳은 겨울 한 철 먹을 수 있는 해초 가운데 하나다. 파래·모자반·생미역·매생이와는
다르게 나물을 만들어 김치냉장고에 보관해 두면 며칠이고 신선하다. 특히 두부와 함께 무
치는 톳나물은 해초의 무기질과 두부의 단백질을 동시에 섭취할 수 있는 이점이 있다. 맛도
좋지만 색스러워 식욕을 돋운다.

우선 신선한 톳은 살짝만 데치고, 두부는 베보자기로 짜서 물기를 최대한 **뺀다**. 두 가
지를 섞어 소금으로만 간을 잘 맞춰야 톳나물의 진미를 살릴 수 있다.

김치움파산적

재료(4인분)

김치(묵은지) 2~3줄기, 움파(대파속) 10cm 길이 8대, 쇠고기 등심(5mm 두께로 썬 불고기),
부침가루, 밀가루, 식용유, 참기름, (쪽파)

양념장 간장 2t, 설탕 1t, 다진 마늘 2/3t, 다진 파 1t, 후춧가루, 참기름 1/2t

만들기

1 김치는 속을 털어내고 슬쩍 씻어 물기를 짠 다음 10cm 길이로 썬다. 움파는 씻어서 물기를 걷고
   묵은지와 같은 길이로 썬다.

2 쇠고기는 3cm 폭, 5mm 두께, 11cm 길이로 썬다. (쇠고기는 익히면 줄어든다.)

3 썰어 놓은 김치는 참기름과 설탕을 넣고 무친다. 준비된 재료로 양념장을 만들어 쇠고기에 넣어
   무치고, 양념을 조금 남겨 움파를 무친다.

4 마른 팬에 양념한 쇠고기를 슬쩍 구운 다음, 꼬치에 김치-움파-고기-움파-김치 순으로 꿴다.

5 부침가루에 찬물을 섞어 부침옷을 만든다. 꼬치에 꿴 재료에 밀가루를 골고루 묻혀서 여분을
   털어낸 뒤 솔로 부침옷을 발라 입힌다.

6 팬을 달궈 식용유에 참기름을 약간 섞어서 두르고 ⑤의 꼬치를 앞뒤로 노릇하게 지진다. 꼬치를
   빼고 먹기 좋은 길이로 썰어서 접시에 담는다.

갈비탕

재료

소갈비 1.2kg, 무 300g, 통후추 2/3T, 통마늘 한 줌(15개), 소주(소주잔 한잔),
대파 한 대(갈비 끓임에 파 잎사귀도 좋다.), 물 3L, (당면)

만들기

1 갈비는 찬물에 담가 2시간 이상 충분히 핏물을 뺀다.

2 갈비가 잠길 정도의 끓는 물에 3분 데쳐서 찬물로 깨끗이 씻는다.

3 솥에 물 3L를 잡고 끓으면 갈비, 토막낸 무, 통후추, 통마늘, 대파 잎사귀 쪽 2/3대, 소주를
   넣고, 다시 끓으면 중약불로 1시간 반에서 2시간 푹 끓인다.

4 갈비는 따로 건져내놓고, 면포나 체로 나머지 건더기를 걸러낸 국물에 국간장 1T와 소금을
   적당량 넣어 삼삼하게 간을 해놓는다.

5 밥상에 낼 때 뜨거운 물에 담가둔 당면을 살짝만 삶아 국대접에 깔고 갈비와 나머지 송송 썬
   대파를 얹은 뒤 한소끔 끓인 국물을 떠넣는다.

6 소금과 후춧가루를 곁들여낸다.

《 우거지와 시래기 》

우거지와 시래기를 구별 못하는 사람이 많은 시대가 되고 말았다. 우거지는 배추 우거지, 시래기는 무시래기의 준말이다. 원래 우거지는 김장 때 배추 겉대나 처져버린 잎을 새끼로 엮어 처마 밑에 달아 햇볕과 바람에 맡겨 말려서 겨우내 저장해 두고 먹던 풋채소 대용품이었다. 시래기도 마찬가지다.

가난의 상징인양 여겨지던 우거지와 시래기가 지금은 영양이 높다고 알려지면서 일약 건강 식재로 등극했다. 칼로리는 낮되 비타민 A·비타민 C·철분·칼슘·식이섬유 등 영양소가 풍부해서 다이어트 식품으로도 인기가 높다. 특히 시래기는 면역력 강화에 좋은 음식 하나여서 강원도 화천 등지에 진작부터 시래기용 무를 따로 키워낸 상품까지 등장했다. 한마디로 우거지와 시래기는 면역력이 급격하게 떨어지는 겨울철에 특히 안성맞춤 식재다.

이들 식재를 갖고 조리하는 맛있는 음식도 다양하게 개발, 소개되고 있다. 요령을 터득하고 조금만 공력을 들이면 전통 건강식을 오늘의 식생활에 복원할 수 있다. 주거 형태가 대부분 아파트로 바뀐 오늘날에 이르러 마침 상품으로 만들어져 판매되고 있음은 수요에 따른 자연 현상이겠다.

배춧잎은 그냥 말리고 무청은 끓는 물에 약간만 데쳐서 말린다. 말린 것은 종이상자에 넣고 베란다 같은 서늘한 데 보관한다. 둘 다 필요한 만큼 푹 데치고 껍질을 벗겨 손질해 냉장고나 김치냉장고에서 상당 기간 보관할 수 있다.

북한산 언저리 땅집 우리 집 배란다는 생선이나 각종 채소를 말리기에 최적의 조건이다. 덕택에 나는 아직도 재래식 방식으로 우거지와 시래기를 만든다. 김장할 때 처지는 배춧잎과 무청은 물론이고 단골 가게에서 따로 상품으로 파는 것을 한 상자씩 사서 보탠다. 만드는 수고를 마다하지 않음은 유방암 정양 생활에서 그 가치를 체득한 덕분이다. 겨우내 여러 가지 우거지와 시래기 요리를 즐길 수도 있으니 수고에 값하고도 남는다. 집에서 필요한 양을 가늠해 가며 요리 교실 식구들이나 친구들과 나눠 먹는 재미도 쏠쏠하다.

무시래기나물

재료

시래기, 다진 마늘, 다진 파, 국간장, 들기름, 진한 멸치육수, 들깨가루, 깨소금, (홍고추)

만들기

1 집에서 말린 시래기는 삶아서 껍질을 벗긴 뒤 먹기 좋은 길이로 자른다. (삶은 상품으로 산 시래기도 똑같이 껍질을 벗긴다)

2 ①에 국간장, 다진 마늘, 다진 파, 충분한 들기름을 넣고 무치면서 간을 맞춘다.

3 냄비에 담고 냄비 바닥 가운데 멸치육수 소량을 넣고 뚜껑을 덮은 채 중불에서 간이 배도록 2분 정도 끓인다. 국물이 어느 정도 남아 있게 한다.

4 뚜껑을 열고 들깨가루를 넣고 섞으면서 약간만 더 볶은 뒤 깨소금을 뿌린다. 이때 다시 간을 맞춘다.

※ 홍고추를 반으로 갈라 씨를 빼고 채를 썰어 ④에 넣어 함께 볶으면 색스럽다.

《 묵나물 》

요리 교실에서 '묵나물이 뭔가?' 물었을 때 얼른 대답하는 사람이 적은 것에 놀랐다. 정월 대보름 여러 가지 묵나물이 바로 그 일종임에도 그냥 나물이라고 통칭하기 때문이지 싶다. 묵나물은 미리 말려 두었던 나물들을 "묵혀 두었다가 먹는 나물"이라 해서 붙여진, '묵은 나물'을 줄인 말이다.

여름부터 가을까지 채취한 여러 가지 나물거리, 이를테면 취, 다래순, 호박, 고구마 줄기, 박, 고사리, 시래기 등은 말려서 보관해두고 이듬해 봄나물이 나올 때까지 겨우내 요긴하게 쓰는 먹거리다. 지금은 겨울에도 쉽게 손에 닿는 다양하고 풍부한 생채소에 밀리는 감이 있는 한편, 양질 섬유소와 비타민, 무기질 급원으로 인증되면서 건강식품으로 대접받기도 한다.

(무)시래기 나물이 그 보기다. 그전에는 집에서 쉽게 만들 수 있었고 흔해선지 구황식품쯤으로 푸대접받기까지 했다. 주거 환경이나 생활 스타일의 변화로 오히려 귀해진 데다 건강 식재로 부상한 틈새로 생겨난 상품 시래기는 즐겨 구매하는 인기 식재가 됐다. 산야에 흐드러진 제철 나물거리를 채취하고 말린 여러 가지 다른 상품 묵나물도 매일반 맛 좋은 건강 식재다.

다양한 나물을 조리하는 방식은 거의 같다. 양념도 그렇다. 우리 고유의 양념인 국간장, 들기름 또는 참기름에다 파, 마늘, 식성에 따라 더하는 들깨가루가 거의 전부다. 양념은 그야말로 양념으로 각각의 고유한 맛과 향을 살리는 기능만 한다. 돈만 들이면 쉽게 손에 닿는 묵나물은 물에 담가서 불리고, 삶는 과정이 예사로 번거롭지 않다. 반면 조리 과정이 간단함은 그나마 다행이다.

자주 해먹지는 못한다 해도 우리네 식단에서 놓칠 수 없는 묵나물이다. 한식에 관심이 있는 사람들을 위해 조리방식과 그 준비 과정을 정리해 둘 필요가 있겠다.

① 불리기

나물이 잠길 정도의 뜨거운 물을 넣고 물이 식을 때까지 불렸다가 나물을 건져 두 차례 정도 헹군다. (찬물에는 6시간 정도 불린다.)

② 삶기

불린 그대로 냄비에 넣고 물을 잡아 센불에서 끓기 시작하면 중불로 낮춘 뒤 15분 정도 삶는다(곤드레나물인 경우). 무슨 나물이든 잎은 쉽게 부드러워지지만 줄기 부분은 시간이 더 많이 걸린다. 줄기 부분을 만져 봐서 어느 정도 부드러워질 때까지 삶는다. 삶은 뒤 바로 건지지 말고 뜨거운 물에 30분 정도 그대로 두며 조금 더 불린다.

건져내 다시 찬물에 두세 번 헹군다. 잎은 적당히 말캉하고, 줄기는 약간 쫀득한 상태가 제일 좋다. 냄비 옆에 찬물 종지를 놔두고 줄기 부분을 한 가닥 넣었다가 바로 꺼내 먹어 봐서 삶은 정도를 가늠해도 좋다. 이때 이미 적당히 삶아졌을 때는 뜨거운 물에 그대로 두지 말고 바로 헹군다.

③ 만들기

불려서 삶고 헹군 다음 촉촉할 정도로 물기를 지그시 짠다. 먹기 좋은 크기로 자른다.

나물 양에 따라 국간장 1T, 다진 마늘 2/3t, 다진 파 1t, 들기름 또는 참기름 1T 비율대로 넣고 조물조물 버무린다. 30분 정도 재워두면 양념이 배어 더 맛있다. (나물 각각의 맛과 향을 살리기 위해 마늘과 파는 소량만 쓴다.)

볶음냄비에 담고 밑바닥 가운데 적당량 멸치 다시마육수를 넣고 뚜껑을 닫아 중강불에서 양념이 배어들게 한소끔 끓인다. 뚜껑을 열고 나물이 부드러워질 때까지 볶는다. 이때 맛을 보고 싱거우면 국간장을 추가해서 간을 맞춘 다음 통깨를 뿌리고 불을 끈다. 식성에 따라 들깨가루 0.8T를 넣고 뒤적인다. (생략할 수 있다.)

*나물의 수분감은 식성에 따라 육수량으로 조절한다.

방어무조림. 방어는 여름에는 모양이 멀쩡해도 맛이 없다가 겨울이 되면
맛이 몰라보게 좋아진다. 지방질이 늘어나고 살의 조직이 단단해지기
때문이다. 냄비에 양념 국물 재료를 넣고 손질한 방어와 무를 넣는다.
물에 적신 누름뚜껑을 덮고 끓으면 중불에서 20분 정도 조린다. 국물이
1/4 정도 남았을 때 뚜껑을 열고 숟가락으로 남은 국물을 재료에
끼얹으면서 적당한 간과 농도가 될 때까지 조리고 마무리한다.

방어 대가리 안과 겉.

방어무조림

재료

방어 4토막, 소금 1t, 무 흰 부분(240g), 쌀 1T, 누름뚜껑(속뚜껑, 오토시부타)

양념 국물 청주·간장·미림 각 80ml 씩, 물 200ml

고명 유자 껍질 3×3 한 조각(또는 레몬 껍질), 대파 흰 부분 3cm(12g)

만들기

1 **방어 손질하기:** 방어 살 앞뒤로 소금을 뿌리고 20~30분 지나서 방어를 체에 담아 끓는 물에 넣어 잠시 데쳤다 꺼낸 뒤 재빨리 찬물로 씻어 피나 이물질을 제거하고 종이 타월로 물기를 닦는다. (잡내를 제거하는 과정이다.)

2 **무 삶기:** 껍질을 벗기고 2cm 두께로 자른 뒤 다시 4토막낸 무와 쌀을 끓는 물에 넣고 삶다가 무가 약간 부드러워지면 건져내 물로 씻는다. 쌀과 함께 삶으면 무를 삶았을 때 나는 풋내를 없앨 수 있다.

3 종이호일로 만든 누름뚜껑을 준비한다. 조림냄비 지름 크기로 둥글게 자른 다음 가운데 지름 2cm 정도를 잘라서 구멍을 낸다.

4 **고명:** 유자 껍질은 흰 부분을 깨끗하게 제거한 뒤 (레몬도 마찬가지) 채 썰고, 대파도 채 썰어 찬물에 담갔다 건져 물기를 제거한다.

5 냄비에 양념 국물 재료를 넣고 손질한 방어와 무를 넣는다. 물에 적신 누름뚜껑을 덮고 끓으면 중불에서 20분 정도 조린다. 국물이 1/4 정도 남았을 때 뚜껑을 열고 숟가락으로 남은 국물을 재료에 끼얹으면서 적당한 간과 농도가 될 때까지 조리고 마무리한다.

6 그릇에 담아 고명을 보기 좋게 얹는다.

전복죽

재료

찹쌀 1/2C, 전복 2개, 참기름 2T, 소금 소량, 물 3C

만들기

1 찹쌀은 씻은 뒤 바로 소쿠리에 건져 30분 동안 물기를 뺀다.

2 전복은 솔로 문질러 깨끗이 씻고, 숟가락을 이용해 껍질에서 분리한다. 내장을 떼 내고 이빨만
   제거한다.

3 전복은 5mm 두께로 썰고 내장은 서너 토막 낸다. (내장에서 나온 물은 버리지 말고 죽을 쑤는
   물에 섞는다.)

4 달군 팬에 참기름을 두르고 전복살과 내장을 넣고 중불에서 눋지 않게 다글다글 볶는다. 내장
   덩어리가 다 없어질 즈음 쌀을 넣고 조금 더 볶는다.

5 물을 붓고 중불에서 쌀이 어느 정도 익을 때까지 10분쯤 끓이다가 약불로 낮추고 15분
   정도 나무 주걱으로 눋지 않도록 계속 한 방향으로만 저어가며 뜸을 들인다. 그래야 찰기가
   유지된다.

6 마지막에 소금으로 간을 맞추고 불을 끈다. 간을 미리 하면 찰기가 풀어진다.

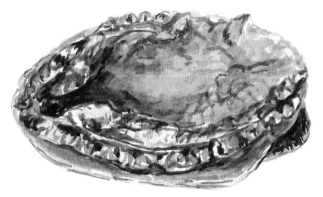

전복. 특히 한중일이 모두
전복을 영양가 좋은 바다
먹거리로 꼽는다. 물론
서양요리로도 인기다. 여러
종류 중 참전복을 세 나라
공통으로 가장 귀하게 친다.

단팥죽

재료

팥 2C, 설탕 9T, 물 2.5L, 전분 1T, 소금 1T

새알심 찹쌀가루 1C에 소금 1/2t를 넣고 뜨거운 물 4t 정도를 4번에 갈라서 조금씩 부으면서 반죽한 뒤 비닐봉지에 넣어 10분 둔 다음 작은 새알심을 만든다.

만들기

1 **팥 삶기:** 냄비에 팥과 팥 분량의 3배 물을 넣어 강불에서 끓어오르기 시작하면 20~30초 데친 뒤 소쿠리에 부어 물을 뺀 다음 소쿠리 채 찬물에 담갔다가 금방 꺼낸다. (아린 맛과 쓴맛을 뺀다.)

2 솥에 팥과 준비된 분량의 물과 소금을 넣고 끓기 시작하면 중불로 낮춘다. 손으로 비볐을 때 뭉개질 정도가 될 때까지 1시간 10분~1시간 30분 정도 끓인다.

3 믹서로 가볍게 간 뒤 체에 내린다. (단팥죽에 팥알이 조금 씹히는 맛을 원한다면 갈기 전에 그 분량만큼 삶은 팥을 덜어내 놓는다.)

4 체에 내린 팥앙금에 설탕을 넣고 20~30분 죽을 쑨 뒤 갈지 않은 팥을 넣고 눋지 않게 국자로 2분 정도 젓는다.

5 거의 다 됐을 때 전분물(전분 1T를 물 2T에 푼다.)을 넣고 잠시 더 끓인 뒤 새알심을 넣는다.

6 3분 정도 지나 새알심이 뜨면 2분 더 끓인다.

다시마다시

재료

다시마 5×5 4장, 물 4C

만들기 1

다시마 표면의 하얀 부분을 마른 행주로 닦아내고 상온의 물에 담가 냉장고에서 8시간, 상온에서 6시간 그대로 두었다 다시마를 건져낸다.

만들기 2

냄비에 물과 다시마를 넣고 상온에서 20분간 그대로 둔 뒤 불에 올려 약불로 끓인다. 물 온도가 70~80도가 되면 불을 끄고 다시마를 건져낸다. 온도계가 없으면 냄비 가장자리에서 보글보글 거품이 올라오기 시작할 때 불을 끄고 다시마를 건져낸다.

가쓰오다시

재료

다시마 손바닥 크기 한 장, 가쓰오부시 1C, 물 4~5C

만들기

냄비에 물과 다시마를 넣고 상온에서 20분간 그대로 둔 뒤 불에 올려 약불로 끓인다. 물 온도가 70~80도가 되면 불을 끄고 다시마를 건져낸다. 온도계가 없으면 냄비 가장자리에 보글보글 거품이 오르기 시작할 때 불을 끄고 다시마를 건져낸다. 곧 가쓰오부시를 넣고 다시 불에 올려 한소끔 끓인다. 끓어오르면 바로 불에서 내려 체에 걸러내면 완성이다.

디포리. 밴댕이의 사투리다.
생선인데도 비린내가 적은
것이 특징이며, 누구나 부담
없이 먹을 수 있다. 식감은
탄력 있고 단단한 편으로
씹는 맛을 느낄 수 있으며,
생선 자체에도 감칠맛이 있어
어느 조리법으로 요리해도
맛을 느끼게 한다.

멸치육수

재료

멸치 한 움큼, 디포리(멸치의 1/2), 다시마 한쪽(손바닥 반 크기), 양파(중치)1/3개,
말린표고 1/2개(용도에 따라 디포리 대신 건새우)

만들기

1 멸치와 디포리는 건조된 상태라야 비린내가 나지 않는다. 전골이나 국수를 만들 때와 같이
   육수를 더 맑고 잡내가 나지 않게 하려면 달군 프라이팬에서 바싹 볶으면 더 좋다.
2 물 5C에 모든 재료를 넣고, 끓어서 10분이 지나면 다시마를 건져낸 뒤 뚜껑을 열고 약불에서
   15분 정도 끓이면 된다.
3 간단하게 빨리 육수를 만들려면 멸치와 다시마만 넣고 10분 끓인다.

닭육수

재료

닭(1.1kg 표준치) 1마리, 당근 1개, 양파 1개, 셀러리 1대, 대파 흰 부분 1대, (저장할 때 대파 잎의 진이 빨리 상하게 한다.) 생강 1쪽(10g), 마늘 1줌, 정향 3개, 통후추 1/2T, 부케가르니

만들기

1 목 주위 기름진 부분과 똥꼬 바로 위에 있는 성장 호르몬샘 부위(쓴맛을 낸다.)를 잘라낸 닭을 물을 소량 넣은 작은 냄비에 꽉 차다시피 넣고 부루루 한 번 끓인다. 내장을 뺀 닭 속과 표피를 흐르는 물로 깨끗하게 씻는다.

2 당근은 껍질을 벗기고 통째 큼직하게 몇 토막을 낸다. 양파도 껍질을 벗겨 반으로 자르고 껍질 벗긴 쪽에 정향을 꽂는다. (고정하기 위해서) 셀러리, 대파는 반으로 자른다. 생강은 두세 쪽 내고 마늘과 후추는 통째로 쓴다.

3 부케가르니를 만든다. (6~7cm 길이 대파잎을 갈라 네모나게 만든 뒤 타임 가는 줄기, 이탈리아 파슬리 가는 줄기, 마른 월계수 잎 한 장을 가지런히 놓고 말아서 요리 실로 묶은 것)

4 솥에 4.5L 물을 잡고 닭과 부재료를 한꺼번에 다 넣고 찬물에서부터 시작해서 강불로 20~30분 팔팔 끓인 뒤 약불로 낮춰 보글보글 끓을 정도로 3~4시간 정도 더 끓인다.

5 한 김 나간 뒤 체에 거른다. 쓰고 남은 육수는 작은 봉지에 갈라 넣고 냉동보관한다.

---

* 육수를 끓이는 동안 물을 보충해야 할 경우는 끓는 물을 붓는다.

맛간장

재료

간장 5C, 물 3C, 파뿌리 한 움큼, 당근, 양파, 무, 대파 등 먹다 남는 채소들

만들기

재료를 함께 넣고 40분~1시간 중약불에서 끓인 뒤 체에 걸러 용기에 담아 냉장보관한다.

---

* 채소들 중에서 파뿌리는 필수 재료다.

토마토마리네이드

토마토(큰 것) 2개를 껍질 벗겨 한입 크기로 적당히 썰고, 적양파(중치) 1개는 5mm 두께로 채 썰어
볼에 담고, 올리브유 3T, 레몬즙 2T, 꿀 1T, 소금 1/2t, 후춧가루를 약간 넣어 섞는다.
5~7일 동안 냉장보관할 수 있다. (토마토는 끓는 물에 잠시 넣었다가 찬물을 끼얹고 껍질을 벗기면
수월하다.)

고추기름

재료

식용유 2C, 고춧가루 1/2C, 마늘 3개, 대파 1대(잎사귀 부분), 생강 1쪽(10g)

만들기

1 식용유에 저민 마늘과 생강, 대파를 넣고 갈색이 될 때까지 끓인다.

2 불을 끄고 지글지글한 게 줄어들면 고춧가루를 넣고 기름이 식을 때까지 두었다가 고운 체에
   거른다.

3 남은 찌꺼기는 채소를 건져낸 뒤 육개장, 낙지볶음, 오징어볶음, 제육볶음, 순두부찌개 등에
   이용하면 좋다.

※ 파의 흰색 부분은 수분이 많아 기름에 끓이기 적합하지 않다.

찌개고추장

재료(웬만큼 큰 항아리 분량)

고춧가루 2kg, 매주가루 1.5kg, 밀가루 2.3kg, 엿기름 3봉지(500g×3), 고운소금 1kg(내 경우 재래식 염전에서 만드는 태안소금을 쓴다.), 소주 2병

만들기

1 **엿기름물 만들기**: 엿기름을 넓적하고 큰 용기(7~8L)에 담고 따끈한(끓는 물이 아님) 물 2L 정도를 붓고 30분 정도 두었다가 치댄 뒤 물 2L를 넣어 체에 내린다. 이 엿기름물을 들통이나 큰 곰국솥(약 12L들이)에 부어 놓는다. 체에 내리고 남은 엿기름을 치대서 물을 넣고 내리기를 두 번 더 반복해서 보탠 엿기름물이 8L 정도가 되게 한다.

2 2~3시간 뒤 큰 솥을 가만히 기울여 위의 맑은 물만 처음 엿기름을 담았던 큰 용기(7~8L)에 가만히 따라 붓는다. 이때 맑은 엿기름물이 6.5L 정도가 된다.

3 ②를 큰 솥(12L)에 옮겨 붓고 밀가루를 넣어 크고 긴 주걱으로 잘 푼다. 시간이 지나면 밀가루가 삭아서 묽게 된다.

4 ③을 강불에서 끓으면 중강불로 낮추고, 물이 1.5L 정도가 줄고 약간 까룩해질 때까지 긴 주걱으로 저으면서 약 50분 더 끓인다.

5 ④를 넓고 큰 대야에 붓고 어느 정도 식으면 고춧가루, 매주가루, 고운 소금, 소주를 모두 넣고 국자로 대충 섞은 뒤 고무장갑을 낀 손으로 모든 재료가 잘 섞이게 버무린다. 고추장이 되다 싶으면 남은 엿기름물이나 소주를 보충해서 누글누글한 상태로 만든다. 시간이 지나면 약간 되진다. 그리므로 좀 묽다 싶어도 상관없다.

6 독에 담고 위에 소금을 뿌린 뒤 밀폐해서 양지바른 곳에 둔다. 이따금씩 뚜껑을 열어 햇빛과 공기를 쏘인다. 2~3 주 지나 충분히 발효되면 다른 적당한 용기에 옮겨 담아 냉장보관 한다.

---

* 오래 두고 생선 조림이나 각종 매운탕, 고추장찌개, 나물 따위 일상의 음식들에 풍미를 더한다.

볶음고추장

재료

고추장, 다진 소고기, 다진 마늘, 설탕, 매실엑기스, 물엿, 맛술

만들기

1 달군 팬에 기름을 두르고 다진 소고기를 볶는다.

2 ①에 마늘과 설탕 약간을 넣고 중불에서 완전히 익힌다.

3 ②에 고추장, 매실엑기스, 설탕, 물엿, 맛술을 넣고 섞으면서 중불에서 질척해질 때까지 계속
  저어준다.

4 불을 끄고 참기름과 통깨를 넣고 섞는다.

* ③에서 국물을 너무 조리면 식은 뒤에 뻑뻑해진다.
* 여름에 비빔국수를 간단하게 만들 때 요긴하게 쓸 수 있다.

찜양념장

재료와 만들기

모든 찜에 사용이 가능하다.

고춧가루 4T, 고운 고춧가루 1T, 다진 마늘 3T, 다진 파 2T, 생강즙 1/2T, 설탕1t,

참치액젓(멸치액젓) 2T, 소금1t, 후춧가루 약간, 맛술 2T, 양지머리 육수 2/3C 비율로 섞는다.

* 적어도 찜 음식을 하기 하루 전까지는 미리 만들어둔다. 냉장고에서 하룻밤 숙성시키면

재료끼리 어우러져서 더욱 깊은 맛을 내고, 고춧가루도 불어서 색이 더 좋아진다.

이름난 식당에서는 몇 달씩 냉장 숙성시킨다.

* 저장해둔 양념장은 낙지볶음에도 이용할 수 있다. 이때는 낙지 양에 맞게 찌개 고추장, 간장,

설탕, 참기름만 더 넣으면 된다.

내 요리의 진화

김외련

      내가 요리의 본질을 깨닫고, 그야말로 요리를 즐기게 된 동기부여는 유방암이다. 끔찍한 재앙과도 같은 그 병은 시련과 고통만큼이나 내게 많은 귀한 것들을 안겨주었다. 요리가 그 중의 하나다. 삶의 질을 높이는 데 필수적인 한 요건인 식생활에 대한 소양을 갖추게 됐음은 실로 행운이 아닐 수 없다. '나쁜 일 가운데는 반드시 좋은 일도 있기 마련'이라는 인생의 한 비밀을 경험한다.

      그렇다고 그 전에 요리에 등한했다는 뜻이 아니다. 세 아이들 이유식은 상품이 아니라 내 손으로 만들었다. 도시락 반찬도 마찬가지다. 나는 도시락을 한 번에 8개를 싼 적도 있다. 연년생 아이들이 고학년 때 각기 두 개씩, 대학원 만학생인 내가 시간을 절약하기 위해서 도시락을 가지고 다녔고, 남편이 대학원 야간수업이 있는 날은 한 개 더 싸야 했다.

김치도 사서 먹어 본 적이 없다. 약국을 할 때는 밤늦게라도 내가 직접 담갔다. 예나 지금이나 우리 내외 둘 다 사람들 식사초대를 좋아한다. 젊었을 때는 자신의 어설픈 음식 솜씨에도 불구하고 남편이 필요하다면 마다지 않고 성의 하나 만으로 어떻게라도 만들어 냈다.

내가 음식에 관심을 둘 수밖에 없는 여러 가지 요인을 새삼스럽게 따져본다. 내가 아는 한 우리 집안은 증조부터 우리 네 형제에 이르기까지 4대에 걸쳐 하나같이 미식가(美食家)들이다.

증조부가 김옥균의 오랜 동지로서 갑신정변에 가담했다가 동래부사로 임명받아 임지로 가던 중 정변의 실패를 전달받고 통영으로 피신했다. 거기서도 위협을 느끼자 마산으로 옮겼다. 그때부터 형제 넷이 태어나기까지 두 해안 도시가 우리 집안의 고향이 되었다. 생선이 내 입맛의 기초가 된 내력이다.

어머니가 처음 결혼해서 한동안 시조모, 그러니까 우리 증조모를, 모시고 살았다. 어머니 말에 따르면 증조모는 매일 아침 생선회가 있어야 조반을 들었다. 하루는 그러지 못할 사정이 있어 생선회가 빠진 밥상을 올렸더니, 기갈이 셌던 그분이 밥상을 엎어버렸다. 어머니한테 수없이 들었던 옛얘기다.

내륙 태생, 특히 서울 사람들은 아침 밥상의 생선회는 상상도 못할 일이다. 그러나 우리 쪽 사람들은 어지간하게 여유가 있는 집에서는 예사로운 일이다. 내가 어릴 적, 냉장고가 없던 시절탓에 생선을 사러 아침 일찍 장에 가는 어머니를 자주 보았다.

마산에서 좀 떨어진 내륙에서 태어난 어머니는 가난했던 탓인지 생선은 물론이고 육류도 먹지 않는 식성이었다. 소고기 육회까지 즐기던 아버지가 내게도 한 입씩 주던 기억이 생생하다. 그러니 어머니는 이를 악물고 한 가지도 아닌 생선과 육류를 한꺼번에 먹기를 익혔다는 말을 종종 했다.

하여 아버지의 까다로운 식성을 맞춰야 했던 어머니의 음식 솜씨는 자연 좋을 수밖에 없지 않았을까. 아무튼 나는 우리 집 경제 형편에 비하면 어머니가 해주는 여러 가지 맛있는 음식을 많이 먹고 자랐다. 어머니 손아래 이모들은 이구동성으로 언니 집 밥은 늘 맛있었다고 회상하곤 했다.

나는 또 원래부터 먹기를 좋아해서 어릴 적 우리 식구들은 나를 '먹보'라고 불렀다. 음식을 맛있게 먹는 나를 보고 시어머니는 "며느리는 먹는 데 복이 붙었다." 했다. 중고등학교 시절에는 점심시간이면 몇몇 급우들이 으레 내 책상에 둘러 앉아 도시락을 까먹었다.

결혼을 하고 보니 시어른이 식성이 까다롭고, 아들인 남편도 그렇고, 어머니는 역시 음식 솜씨가 좋았다. 우리 세대는 '남편 식성이 까다로운 집 아내가 음식솜씨가 좋다'는 말을 흔히 듣고 자랐기 때문에 음식을 잘 하고 싶다는 생각이 내 잠재의식에 있었는지도 모르겠다.

8 남매 중 가장 명민하고 감성이 풍부했던 친정어머니는 남존여비 사상과 교육 부족에 짓눌려 당신의 재능을 마음껏 살리지 못한 회한 때문이었을 것이다. 큰딸에 대해 대단한 자긍심을 가졌던 어머니는 나름의 큰 기대를 했다. 어머니 가치관으로는 딸을 위한 최선의 훈육 목표는 좋은 대학을 졸업해 딸과 걸맞은 부잣집 자손 남편을 만남으로써 완성되는 '귀부인'이었다.

어머니의 귀부인이란 팔자 좋아서 남편 잘 만나 호강하고, 집안일은 사람을 사서 부리는 소위 '손에 물 한 방울 묻히지 않고 사는 여성'을 말한다. 그러니 내가 가사에 대한 어머니의 훈육을 받았을 리 만무하다. 나는 희미하게 어머니와 전혀 다른 가치관을 가지고 있었으

가자미. 구이나 조림, 가자미 미역국도 맛있다. 산지에서 싱싱한 것은 물회로도 조리한다.

니 인생은 이래저래 모순 덩어리다.

결혼을 한 직후다. 내가 미역국을 끓였다는 사실이 친정에서 빅뉴스가 됐을 정도였다. 부엌일은 내게 단순 노동 같이 보였고, 음식은 내가 먹어 본 대로 대충 만들면 된다고 생각해오던 터였다. 졸지에 가정주부가 되고 보니 가사 중에서 특히 음식 문제가 정말이지 난감했다. 당장에 하루 세끼를 해결해야 하는 입장에서, 내가 여자로서 너무 뻔뻔스러운 생각을 했다는 자괴감이 들었다.

공부하듯이 음식을 스스로 익힐 요량을 했다. 요리책이나 신문의 요리 기사를 유심히 읽고 실습했다. 신혼 때다. 한 번은 곰국을 시도했다. 큰 솥에 물을 가득 붓고, 우족 몇 덩어리를 넣어 끓고 난 뒤에 약 불로 한나절을 끓여도 고기는 익지 않고 국물은 맹탕이라 실패로 끝을 냈다. 동치미를 책대로 담았는데 쪽파 대신 대파를 너무 많이 넣었다. 익었나 싶어서 보니 대파에서 나온 느른한 물질로 국물이 온통 범벅이라 버리고 말았다.

LA에서 큰딸 수지가 아기였을 때다. 해변 가에 놀러갔다가 전복을 한 자루나 주워왔다. 날 것을 회로 몇 번 먹고는 상해서 다 버리고 말았다. 그 좋은 기후에 말려서 저장하기는커녕 냉동실에 보관할 줄도 몰랐다. 양념에 졸이는 방법은 더더욱 몰랐다.

매사가 궁즉통이다. 어미가 되고 보니 아기들 유아식은 물론이고, 공부하는 남편에 대한 책임감으로 확신은 없다 해도 열심히는 했다. 세 아이들이 자라면서, 한 가정을 이끌어가는 여자의 입장에서 성숙해 가는 의식만큼이나 나의 음식솜씨는 진화해 갔다.

나의 요리는 도약을 위한 추동력이라고 표현하고 싶은 몇 차례의 동기가 있었다. 남편이 학교에서 가르치면서 5년 동안 조선일보 비상임 논설위원으로 일하던 때다. 집에서 대선배들에게 식사 대접을 하고 싶다고 했다. 간절한 요청에 그러마고 해놓고는 걱정이 태산 같았다. 고심 끝에 내가 확실히 잘 할 수 있는 대구 코스 요리로 정했다. 조마조마했던 기우에 비하면 실로 엄청나게 좋은 반응이었다.

장안에 좋은 음식은 다 대접 받았던 그분들이 그 음식을 즐기는 것을 보면서 나 자신이 좋아하면서 잘 할 수 있는 생선요리를 특화할 수 있다는 생각을 하게 됐다. 어릴 적부터 늘 즐겨 먹어오던 터에 생선요리에 자부심까지 가진 나는 조금만 더 노력하면 손님 대접도 할 수 있겠다는 자신감을 가지게 되었다.

유방암은 나의 요리에 실로 획기적인 전기를 마련해 주었다. 유방암의 재발로 졸지에 말기 암환자가 된 나는 생업을 접었다. 한편은 죽음을 준비하면서 한편은 살고 싶다는 간절한 바람으로 정양 생활에 열중했다. 환자로서 식생활은 내게 어떤 의미에서 새로운 도전이었다.

재발 직후 음식 솜씨가 좋은 둘째 해진이가 한 달 동안 내게 지극정성으로 음식 공양을 했다. Cochran School of Art에 재학 중일 때다. 의지하고 싶은 간절한 마음에 1년만 휴학을 하라고 부탁했다. 며칠 후에 거절하는 대답을 들었다. 유방암은 재발해도 금방 죽음에 이르지는 않는 반면 학업은 적당한 때가 있다는 언니의 조언에 의해서였다. 큰딸은 암 진단의학 전공 의사다. 두 딸이 섭섭했지만 그들이 옳았다. 나는 살아남았는데 딸은 나로 인해 안 그래도 만학인 학업에 지장이 있었다면 어떻게 할 뻔했나, 생각만 해도 오싹하다.

잠시 의탁한 도우미 아주머니의 성의 없는 음식이 내 까다로운 식성에 맞을 리가 없었다. 한 때는 채식만 해 보기도 했다. 확신 없이 어리석게 값비싼 건강 보조제를 복용하면서 식사는 막상 허술하게 한 적도 있었다. 천방지축 좌충우돌 시행착오를 겪으면서 '약식동원(藥食同源)'을 터득했고, 내 손으로 직접 만드는 음식이 거기에 가장 근접할 수 있다고 생각했다.

독한 치료로 만신창이가 된 몸이라 제철 신선한 식재로 만든 음식을 먹었을 때 입맛이 낳음은 물론이고 당장 기운이 생겨남을 몸으로 느꼈다. 음식이 바로 보약이었다.

동네 슈퍼마켓 진열대에는 일 년 내내 같은 식재가 같은 자리에 진열되어 있다. 자연히 서울 마장동의 경동시장을 찾게 됐다. 거기는 새벽이 제격이다. 도매시장이라 좋은 식재는 요식업종 사람들에 의해 금방 동이 난다. 그렇기도 하지만 새벽시장을 꽉 차게 메우고 있는 묘한 기운이 내 속으로 들어와 기분은 고양되고 새로운 의욕까지 솟아나는 것이었다.

시간이 더 흐름에 따라 '제철 가장 좋은 식재, 최소한의 양념, 최고로 간단하게 조리한 음식이 최상'이라는 나의 음식 철학이 생겨났다. 어떤 음식은 좋은 식재 구입 못지않게 다듬고 손질하기가 중요하다는 사실도 알게 됐다. 경동시장에서 장을 보면 싸기도 하지만 양도 많아 돈을 쓰기보다는 벌었다는 느낌을 받는 희한한 경험도 많이 했다.

인체는 신비하다. 나이에 비해 발병 전보다도 더 건강해지고, 십 년이 경과하면서 재발에 대한 공포에서도 해방되었다. 자신의 치료 섭생을 위해 출발한 요리 연구가 더 나아가서 이따금 친지들 식사 초대가 내 즐거움 중의 하나가 되게 했으니 이 또한 인생의 신비다.

그 전에는 식사 초대가 대부분의 경우 의무적이라 부담스러웠다. 이제는 스스로 좋아서 하는 초대다. 초대한 사람들과 나눌 즐거움을 생각하면서 식재 다듬고 손질하기마저도 즐긴다. 한창 바쁘게 살 때는 콩나물 가리기도 마음이 급해서 가슴이 벌렁벌렁 뛰었다.

우리 집에서 하는 요리교실도 내게 요리에 대한 특별한 경험과 기회를 안겨주었다. 만학치고도 한참 만학으로 모교 대학원에 입학하면서 만나 평생 친구가 된 후배가 있다. 내가 유방암 이래 건강상 두 번째 큰 고비를 넘길 때였다. 이번에도 뉴욕에서 오너셰프가 된 둘째 딸이 가게의 분주함에도 불구하고 달려와서 며칠 내 곁에서 머물렀다. 그리고 떠나면서 안타까운 마음으로 그 후배한테 엄마를 자주 만나달라고 부탁을 했단다. 내 요리 모임은 모교 약학대학 교수로 재직 중인 그이 아이디에서 비롯됐다. 우리의 평소 만남의 장소를 우리 집에서, 기회로 본인의 숙제로 남아있는 기초요리를 내게서 배우고, 같이 만든 음식을 나누며 담소하자는 제의였다.

이거야말로 일거양득을 넘어 일거삼득이 될 만한 의미 있는 만남이라고 생각했다. 특별한 인연으로 나의 다른 두 친구까지 동참하게 됐다. 평생 사회활동에서 은퇴한 여성들로 이미 서로 면식이 있는 사람들이다. 나는 단지 요리에서만 조금 낫다는 입장에서 졸지에 그들의 선생이 되고 도합 네 사람이라도 단체인지라 언필칭 '요리교실'로 합의했다. 커리어 여성들 간의 친목을 합하면 일거사득이라고 할 수 있다.

'가르치는 사람이 더 배운다.'는 상식대로였다. 매번 두세 가지 협업으로 단시간에 요리해내는 음식을 스스로들 찬탄했다. 내 요리에 대한 소신을 그대로 실습하고 확인하는 과정이었다. 음식 그 자체만이 아니다. 손수 만든 음식을 다른 사람들과 같이 즐김은 친밀해지는 과정의 촉매가 되는 동시에 그 속도에 가속을 더해준다는 사실도 마찬가지다.

2017년 후반에 시작해서 2019년 말에 종강한 첫 요리교실 2년 반 동안 내 요리의 영역도 한결 넓어졌다. 생선 위주의 요리에다 육류가 식재인 요리를 보충할 수 있었고, 기초적인 음식을 섭렵하려다 보니 평소에 소홀히 했던 좋은 식재와 메뉴를 습득해서 첨가할 수 있었다. 이 책에서 내 고유의 음식도 많지만 새롭게 발굴하고 공부해서 내 것으로 만든 메뉴도 포함되어 있는 연유다.

친구들은 제각기 무엇을 얻었을까. '이제는 시장에 가면 무엇을 사야할지 엄두가 난다.' '외식이 줄어들었다.' '손수 만든 음식으로 친구들과 즐길 수 있게 됐다.'는 표현들이 이를 말해준다고 짐작한다.

제 손으로 만들어 먹는 음식이 왜 중요한가? 섭생의 의미도 있지만, 음식을 만드는 과정에서 생활을 사랑하고 현실을 의식하는 심성이 인격에 배어든다는 나의 소신도 암묵적으로 그들과 나누었기를 바라마지 않는다. 끝으로 누구보다 딸과 며느리에게 약속한 요리책 버킷 리스트를 착수에서 결말까지 견인차 역할을 해준 요리교실 친구들이 특별히 고맙고 고맙다. 경동시장은 나의 전공이고 수산시장은 자신의 '관할'이라는 남편에게도 감사를 빠뜨릴 수 없다. 좋은 식재를 장만하는 데 둘도 없는 조력자였다.

대구볼찜

할머니 손맛을 다시 만나

노순옥(전 중앙일보 기자)

김여사 댁은 평창동 제일 꼭대기 둘레길에 있다. 집안에 들어서면 왼쪽으로 우람한 북한산 보현봉이 우뚝하고 정면 멀리로는 북악스카이웨이를 품은 능선이 길게 누워 있다. 눈 아래 정원의 울창한 소나무 숲에는 직박구리나 박새 같은 새들이 수시로 드나들며 지저귄다.

이 정도의 전망을 자랑하는 이 댁의 데크에서 예상되는 풍경은 우아한 테이블이 놓여 있고 주인이 한가롭게 커피나 맥주를 마시는 모습 아닌가. 그러나 놀랍게도 그곳에서 만나는 풍경은 배를 가른 통대구가 줄줄이 널려 겨울바람에 얼었다 녹았다를 반복하고 대나무 채반에는 무와 배추 시래기가 마르고 있으며 한쪽에는 한약방에서나 볼 작두가 대구 마르기를 기다리며 누워있는 어지러운 정경이다. 우리 요리선생님 김여사가 예사로운 요리고수가 아님은 여기서 벌써 짐작된다.

나는 김여사의 40년 식객이다. 오래 한동네에 산 인연으로, 직장 다닌다는 핑계로 제대로 음식 안하고 할 줄 모르는 나를 수시로 불러 온갖 놀라운 메뉴들을 맛보게 해주셨다.

맛이 없으면 설탕을 퍼 넣으라고 가르치는 사람이 '국민셰프'로 불리는 요즘 세태가 나는 못마땅하다. 내 생각에는 김여사야말로 진정한 국민셰프로 모셔야 할 사람이다.

김여사가 해주는 음식은 내가 어릴 적 방학 때마다 시골 할머니집에 가면 먹었던 순수한 우리 음식의 맛을 떠올리게 한다. 시골집 마당 빨랫줄에 배를 따서 줄줄이 널어놓았던 복어를 무 빚어 넣고 된장만으로 잘박하게 졸인 복어찌개에다 바닷가에서 걷어온 모자반을 톡 쏘는 동치미 무채와 멸치젓국에 무쳐놓은 것이 전부인 그 밥상을 나는 평생 잊지 못한다. 그 소박한 밥상에 숟가락 꼭꼭 눌러가며 밥 한 그릇 뚝딱 비우는 하얀 얼굴의 서울 손녀를 할머니가 많이 예뻐하셨다.

그런데 김여사는 똑같은 메뉴는 아니어도 오랜 세월 기억에만 있던 할머니댁 밥맛을 떠올리게 하는 음식들을 해주셨다. 그것이 무엇일까 곰곰 생각해보았다. 바로 재료와 정성의 힘이었다. 할머니집 마당 빨랫줄의 복어와 김여사댁 베란다의 대구, 바닷가에서 걷어온 모자반과 대나무채반에서 말린 시래기는 다 제철 신선한 재료이고, 서울 손녀를 위해 지은 할머니의 밥과 김여사가 불러다 먹인 온갖 요리에는 똑 같은 정성이 들어 있었다.

김여사는 새벽같이 일어나 제철 채소를 사러 경동시장까지 가신다. 가장 놀라운 건 박나물이었다. 어느 날 보니 김여사네 부엌에 둥그렇고 커다란 연둣빛 박이 놓여있었다. 박이라면 흥부네 박만 알았지 박나물이 그렇게 맛있는 줄 몰랐다. 설명할 수 없이 오묘한 맛이었다. 물론 김 교수의 노량진 수산시장 새벽 장보기 외조도 제철 식재료 준비에 한몫 한다.

마산 출신의 이 댁 부부는 생선 사랑이 유별나다. 봄에는 조개류, 특히 새조개, 여름에는 민어, 가을에는 전어, 겨울에는 대구로 한바탕 잔치가 벌어지고 그 사이 사이에도 미더덕찜, 장어국, 총알 오징어구이, 청어회, 병어조림 등 웬만한 서울 사람들은 들어보지도 못한 요리들이 등장한다.

김여사는 새우젓, 멸치젓, 전어밤젓, 대구아가미젓도 담근다. 그 젓갈들로 김치를 담고 생선찌개용 고추장도 따로 직접 담근다.

김여사의 냉장고를 들여다보면 예술이다. 온갖 식재료들이 각각의 방식으로 손질되고 적당한 크기로 나뉘고 정갈하게 포장되어 질서정연하게 자리 잡고 있다. 그중에는 대파 뿌리도 있는데 육수국물을 낼 때 넣으면 맛이 좋다고 한다. 대파뿌리라니? 그런 건 그냥 쓰레기로 버렸는데….

2주에 한번 모여 정작 요리는 두 시간 정도 배우고 주로 와인 반주로 근사하고 맛있는 오찬을 즐기는 재미에 2년 반 동안 요리교실이 행복했다. 김여사가 장보기와 재료 준비에 들인 시간과 노력에는 감사 표현도 못했다.

나는 김여사를 존경한다. 평생 잘 먹여주고 이제는 가르쳐주시기까지 한 수고에 대한 감사만은 아니다. 김여사는 손이 크다. 요리교실은 늘 네 명이 먹을 양보다 훨씬 많은 양의 음식을 만든다. 끝나면 집에 가서 식구들과 나눠먹으라고 남은 음식을 싸주고 실습해보라며 남은 재료들도 싸주신다.

김치도 싸주고 직접 담근 젓갈과 고추장도 싸주신다. 나는 김여사의 큰손 못지않게 너른 마음을 존경한다. 언제나 환한 얼굴, 큰 웃음소리, 다양하고 흥겨운 화제, 언니같이 친정 엄마같이 늘 바리바리 싸주는 인심….

곧 요리교실에서 그동안 만들었던 음식이 김여사의 그림과 함께 책으로 엮인단다. 요리 솜씨만 아니라 그림 솜씨도 프로인 김여사에게 진심어린 축하를 보낸다. 40년 식객으로 요리교실 생도로 김여사 옆에서 보낸 시간은 행운이고 축복이었다.

'음식의 행복'을 가르쳐준 외련 요리교실

지영선(전 환경운동연합 대표)

 나를 개인적으로 아는 사람이라면, 내 이름이 요리책에 등장한다는 사실이 매우 의아
할 것이다. 그만큼 나는 요리와 거리가 먼 사람이다. 대학을 졸업하자마자 들어간 언론사에
서 30여 년간 쉼 없이 뛰어다니며 직장생활을 한 데다, 그 대부분을 부모님과 함께 살아 자
취도 해보지 않았다. 무엇보다 결혼을 안 한 탓에 의무적으로나마 식구들 밥을 해준 적도
없기 때문이다.

 더욱 한심한 것은 그러면서도 '요리의 무능력자'라는 것을 전혀 부끄러워하지 않았다는
점이다. 종갓집 맏며느리로 여러 복잡하고 어려운 일들을 웃는 얼굴로 해내셨던 우리 어머
니는 막내딸의 능력에 대한 전폭적인 지지자이셨다. 누군가 "그래도 여자로서 집안일도 좀
가르쳐야 하지 않느냐?"고 지적할라치면, "아니, 남의 머릿속에 든 공부도 하는데, 때가 되
면, 그까짓 집안일 못할라구!" 하시며 단단히 방어를 해주셨다. 나 또한 그 말씀을 철석같
이 믿고, '때가 되면' 하자고 마음먹으면 요리며 집안일쯤은 어렵잖게 해낼 수 있으리라 생
각하고 있었다. 또 어머니가 해주시는 맛있는 음식에 익숙한 나의 '입맛'이 나중에 내가 제
대로 된 음식을 만들어내는 길잡이가 되어줄 것이라고 그럴듯한 논리까지 끌어다 붙이고
있었다.

 '그게 아니구나. 요리라는 게 그렇게 간단한 게 아니구나.'라는 걸 뼈아프게 느낀 것은
10여 년 전 어머니가 호스피스 병동에 입원하고 계실 때였다. 입맛이 없어서 거의 한 달째
아무것도 잡수시지 못하는 어머니에게 무언가 입맛 당기실 음식을 만들어 드렸으면 좋겠는

데, 나는 아무것도 할 수가 없었다. 고작 내가 가끔 가던 음식점에서 맛보았던 맑고 개운한 달걀탕을 사다 드렸는데, 병상의 어머니는 그래도 그 소박한 음식을 맛있게 잡수셨던 것 같다. 그렇게 늦어도 너무 늦게, 나이 50이 넘어, 음식을 못 만든다는 건 '치명적 장애'라는 걸 깨닫게 되었다.

두 주일에 한 번 열리는 '김외련 요리교실'은 나에게 요리 실습을 넘어 몸과 마음이 함께 행복한 최고의 파티였다. 나는 세 명의 학생 중에서도 가장 소양이 부족한 데다 중간에 합류한 편입생이었지만, '음식이 주는 행복'만은 제대로 배웠다고, 맛보았다고, 자부하고 싶다. 누군가 '이제 무슨 음식을 만들 수 있느냐?'고 묻는다면, 실은 자신 있게 내놓을 게 하나도 없다. 하지만 그 모든 음식들을 함께 만들고, 맛보고, 즐겼으므로, 그리고 곧 출판될 '김외련 요리교실'이 있으므로, 우리 어머니의 말씀대로 '때가 되면' 필요한 음식 몇 가지는 해낼 수 있으리라 믿고 있다.

여러 모로 내 롤 모델

이윤실(이화여대 약대 교수, 대학원장)

"선배님." 여자선배의 일반적 호칭인 언니도 아니고 그 당시 남자 선배한테 흔한 호칭이었던 형도 아닌, 내 20대에 이 호칭을 유일하게 그녀에게만 썼던 것 같다. 그리고 여전히 난 그녀를 "선배님"이라고 부른다.

그녀는 나의 16년 대학 선배다. 겉은 소심하지만 안으로는 욕망으로 충만했던, 인생을 아주 아주 근사하게 살고 싶었던 나의 20-30대에 선배님은 나의 롤 모델이었다. 두 분 다 경상도 출신인 가부장적인 부모님 밑에서 자라난 나로서는 그녀와 교류 중 겪었던 경험이 나에게는 큰 문화적 충격이었다.

아직도 그녀를 처음 만났던 때를 생생하게 기억한다. 대학원 석사과정 때 난 연세대학교 환경공해연구소에서 아르바이트를 하면서 대학원 공부를 하고 있었고, 그녀의 대학원 진학을 위한 입학고사 준비를 도와주기 위해 지도교수의 엄명(?)으로 처음 만났다. 연세대 앞 경양식집에서 만났는데 오므라이스 같은 간단한 식사를 했던 것 같다. 그런데 그녀가 맥주를 마시자고 하였고 그것도 1인 1병씩 각자 마시자고. 그 당시만 해도 나는 술 마시는 것이 익숙하지 않았고 그것도 여자끼리 와서, 더군다나 1인 1병씩 각자 마시는 것은 더욱더 큰 놀람이었다. 그 이후 30여 년간 지속된 그녀와의 우정은 나의 20-40대에 큰 영향을 주었고 그녀는 여전히 나의 노후생활을 준비하는 데에 롤 모델이다.

그동안 그녀에게 두 번의 신체상 큰 어려움이 있었고 그럴 때마다 나도 마음이 많이 힘들었다. 그녀의 첫 번째 어려움을 극복하는 데 도움을 주고자 나의 주 연구 분야인 암에 대한 지식을 제공하려고 나름대로 노력을 많이 했었다 (나의 이런 노력이 그녀에게 실제로 도움이 되었는지는 잘 모르겠다.). 어쨌든 그녀는 첫 번째 신체적 어려움을 잘 극복하였다.

두 번째 신체상 어려움에 대한 치료가 어느 정도 끝나갈 무렵 나의 과외 제자이자 그녀의 둘째딸한테 그녀를 잘 살펴봐 달라는 부탁 아닌 부탁을 받았다. 그때 우선 떠오르는 것이 그녀한테 요리를 배우는 것이었다.

어쩌면 요리는 그 당시 내게 너무나 필요한 것이었는데, 왜냐하면 마흔이 되어 늦은 나이에 얻은 하나 밖에 없는 딸에게 근사하게 요리하는 엄마가 되고 싶었기 때문이다. 그리고 이걸 핑계로 그녀와 좀더 자주 교류하면서 그녀를 살펴보면 어떨까 하는 생각을 했던 것 같다.

요리를 배우기 시작한 지 2년 6개월이 흘렀고 여러 가지 요리에 대한 기본을 배움으로써 지금은 아주 잘 하지는 못하지만 요리가 두렵지는 않은 엄마가 되었다. 그리고 요리를 통해 그녀와 만남이 잦아져서 그녀가 두 번째 신체적 어려움도 잘 극복하는 과정을 지켜볼 수 있어 너무 기뻤다. 무엇보다도 내가 요리를 배울 날이 기다려지고 그 시간이 즐겁다.

그녀가 자서전을 쓴다고 했을 때 내가 그녀 나이가 되었을 때 나는 무엇을 적을 수 있을까를 생각했다. 그녀가 작성한 초고 일부를 보여주었을 때 그녀의 명석한 기억력에 놀랐다. 난 아무리 곰곰이 생각해 보아도 나의 지난 시절이 생각나지 않는다. 그녀의 완성된 자서전을 빨리 보고 싶다. 그리고 지금부터라도 나의 지난 시절을 기억해 보려 한다. 그녀는 여전히 내 노후의 롤 모델이고 그녀의 이러한 노력에 열렬한 박수를 보낸다.

김외련 여사의 음식

최명(서울대 정치학과 명예교수)

나는 "사는 것은 먹는 것이다"라는 말을 가끔 한다. 별로 신통한 얘기도 아니나, 먹지 않으면 죽기 때문이다. 80 평생 이것저것 여러 음식을 먹었기에 아직 살아 있다. 맛있는 것도 먹었고, 맛없는 것도 먹었다. 배가 고파서도 먹었고, 배가 불러도 욕심 때문에 먹었다.

언젠가 어려서 정학유의 「농가월령가」를 읽으면서 '팔진미(八珍味) 오후청(五侯鯖)'이란 말을 알게 되었다. 옛날 중국 사람들이 그런 것을 먹었는지 알 수 없고, 실제로 그런 음식이 존재했는지도 의문이다. 특히 용간(龍肝)이니 봉수(鳳髓)니 하는 것은 상상 속 동물의 부위다. 진시황도 먹었을 리 만무하다. 중국인의 과장이다. 그러나 그 말은 맛있는 음식의 대명사로 내 머리에 남아 있다.

김형국 서울대 명예교수는 인품도 뛰어나지만, 다재다능하다. 전공인 도시사회학은 말할 것도 없지만, 문학과 예술에도 조예가 깊어, 예컨대 장욱진 화백과 박경리 작가에 관한 글과 책을 여러 권 집필하여 낙양의 지가를 올리기도 했다. 그에 못지않은 그의 또 다른 관심과 재주는 생선요리이다. 그는 마산 태생이다. 어려서부터 생선을 많이 먹고 자라서겠지만, 생선에 관하여 일가견이 있는 것은 물론이고, 요리에도 장기가 특출하다.

김 교수는 10수년 전부터 해마다 나를 자기 집에 한두 차례 초청한다. 집으로 손님을 초청하는 풍습이 사라진 지 오래지만, 아직 그 풍습을 고집하고 있다. '맛있는 음식은 3할을 덜어서 남에게 맛보도록 양보하라(滋味濃的 減三分 讓人嗜)'는 홍자성의 「채근담」 경구를 실천하고 있다. '남에게 맛보도록 양보'하는 것이 아니라, '맛있는 음식을 장만하였으니 같이 즐기자'는 취지의 초청인 것이다. 무엇이 맛있는 음식인가? 여름이면 민어, 겨울이면 대구 요리다. 시간이 나면 거제도까지 원정을 가기도 하지만, 보통은 노량진 수산시장에서 때에 맞춰 생선을 사온다.

내가 김 교수의 평창동 집에 처음 초대를 받아 간 것이 언제인지 기억이 나지 않는다. 그러나 민어를 먹었으니, 어느 해 초여름이었을 것이다. 알도 양념을 잘하여 입맛을 돋우게 식탁 위에 준비된 것은 서론이고, 부위에 따른 회가 차례로 등장하고, 전이 출현하고, 나중엔 탕이 대미를 장식하는 그런 순서였다. 포도주도 물론 있었다. 그때 머리에 떠오른 것이 팔진미 오후청이었다.

그런데 알고 보니, 그 일련의 민어 요리는 김 교수의 부인 김외련 여사의 머리와 솜씨에서 나온 것이다. 김 여사는 명실 공히 요리책(料理責)이고, 김 교수는 철두철미 조달책(調達責)이다. 철저한 분업의 실천이다. 김 여사는 인문학에 조예가 깊고, 글쓰기가 취미이기도 하나, 본래 약학이 전공이라 사고의 바탕은 과학이다. 체계가 뒷받침한다는 의미로 과학이란 어휘를 쓴다면, 민어 자체도 과학적 방식으로 요리되었고, 그것이 식탁 위에 등장하는 순서도 과학적이었다. 그나저나 김 교수 부부를 생각하면 팔진미 오후청이란 말과 더불어 부창부수란 말이 떠오른다. 연분이란 다름 아닌 이런 것이란 생각도 스친다.

부디 오래 건강들 하시어 요리과학에 전념하시라. 맛있는 생선요리는 3할은 덜어서 친구들도 즐기게 하시라.

음식 이름 색인

음식 이름 색인

밥상의 품격

김외련의 평생 레시피 258

2024년 8월 20일 발행
2024년 8월 20일 1쇄

지은이	김외련
발행자	趙相浩
발행처	(주)나남
주소	10881 경기도 파주시 회동길 193
전화	031) 955-4601(代)
FAX	031) 955-4555
등록	제1-71호(1979.5.12)
홈페이지	http://www.nanam.net
전자우편	post@nanam.net
편집/교정	김형윤편집회사
본문 디자인	정희진

ISBN 978-89-300-4176-8
ISBN 978-89-300-8655-4(세트)

< 장어덮밥 >   P 51

< 꽈리고추 와 멸치볶음 > P 68

< 강된장 과 호박잎쌈 >

재료 : 다진 쇠고기 양파 호박 고추 다진마늘 식용유 참기름 육수
         된장과 고추장 2:1 비율

만드는 방법 :

1. 양파. 호박 고추는 잘게 썬다

2. 뚝배기 (또는 다른 용기) 에 기름을 두르고 쇠고기와 마늘을 넣고
   ~~달군~~ ~~볶는다~~ 쇠고기가 익을 때까지 볶는다.

3. 2 에 1 을 넣고 양파가 투명해 질 때까지 볶는다

4. 된장과 고추장을 넣고 야채가 충분히 무를 때까지 졸인다.
   이 때 너무 되직하면 물을 적당량 넣는다.

5. 기호에 맞게 육수을 넣고 참기름으로 마무리 한다.

※ 강된장이 약간 묽어도 식으면 되직해 지므로 묽기을
   잘 조절한다

< 호박잎 쌈 >   하나大   밥솥물이

   줄기부분의 껍질을 벗긴다. 씻어서 채곡々 쌓아   끓을 때
넣고 15 분동안 찐다.

※ 호박잎은 찌는데 의외로 시간이 많이 걸린다.
   외형은 다 물러진듯 해도 씹어서 뒷끝이 선정하면 안되고
   약간 말캉 해야 한다.

< 오이냉국 >

재료 : 오이 미역 다진마늘(또는 즙) 국간장 식초 설탕 홍고추 통깨 생수

만드는 방법 :

1. 오이는 소금으로 부벼서 씻는다. 어슷썰기 해 채 썬다.
   냉국에 필요한 양의 생수에 담근다. (오이의 아삭한 맛을 내기 위해서)

2. 미역은 물로 씻은 후 끓는물에 금방 데쳐 찬물에 헹구고 먹기좋은 크기로 자른다.

3. 미역에 국간장 ⌐마늘 식초 설탕을 넣고 무친다   ⌐둘중에

4. 1 을 합해서 기호에 따라 간을 더하고 잘게 채린 고추와 통깨를 맞추고 않고
   넣는다.   맞추고 않고

5. 얼음을 몇 개 띄운다.

< 낙지볶음 II > 낙지볶음 I P6 (회상옥 할머니)

재료 : 낙지 양파 당근 녹색적색 피망   양념장 : ⌈간장 1/2 T 설탕 1/3 T
                                              ⎪고추장 1/2 T 참기름 1T
만드는 방법 :   ⎪다진마늘 1T 고춧가루 1T
                                              ⎩배즙 (강아고 냉써도 된다
1. 낙지를 손질해서 데친다. 낙지볶음 I P6 라고   (1/4 개의 배)

2. 양파는 도톰하게 썬다. 당근은 사각썰기 (직사각형 두께 3 mm)
   대파는 크게 어슷 썰기

3. 녹색과 적색 피망은 삼각 썰기 - 2번으로 쓴다

4. 양념과 야채는 섞어 후라이 팬에서 볶는다. 낙지를 넣고
   살짝 볶는다   (양파가 숨이 죽을 때까지)

5. 불을 약불에 놓고 피망을 섞어 조금더 볶는다

< 방아잎 ⌐부추煎 > ⇒ 여러가지 煎 에 포함

재료 : 방아잎. 부추 고추 바리막 (치즈개 넣개도 좋다) 부침가루

만드는 방법 :

1. 방아잎은 굵게 채썰기. 부추는 2~3 cm 길이로 썰기. 고추는 잘게
   ⌐해썰기

2. 바지막은 살게 꼰사 놓는다.

3. 부침가루는 잘 저어 누굴한께 정도로 물에 꽤 섞는다.

4. 3 에 2 을 넣고 1 의 야채는 한 주먹씩 넣어 잘 섞는다.

5. 후라이팬에 식용유를 넉넉히 넣고 지져 낸다.
   ⌐많굴